国家级实验教学示范中心植物学科系列实验教材

土壤肥料学实验

主　编　姜佰文　戴建军

图书在版编目(CIP)数据

土壤肥料学实验/姜佰文,戴建军主编. —北京:北京大学出版社,2013.1
(国家级实验教学示范中心植物学科系列实验教材)
ISBN 978-7-301-21707-8

Ⅰ.①土… Ⅱ.①姜…②戴… Ⅲ.①土壤肥力-实验-高等学校-教材 Ⅳ.①S158-33

中国版本图书馆 CIP 数据核字(2012)第 290312 号

书　　　名:土壤肥料学实验
著作责任者:姜佰文　戴建军　主编
责 任 编 辑:黄　炜
标 准 书 号:ISBN 978-7-301-21707-8/S·0024
出 版 发 行:北京大学出版社
地　　　址:北京市海淀区成府路 205 号　100871
网　　　址:http://www.pup.cn　新浪官方微博:@北京大学出版社
电 子 信 箱:zpup@pup.cn
电　　　话:邮购部 62752015　发行部 62750672　编辑部 62754271　出版部 62754962
印　刷　者:河北滦县鑫华书刊印刷厂
经　销　者:新华书店
787mm×1092mm　16 开本　9 印张　220 千字
2013 年 1 月第 1 版　2024 年 7 月第 6 次印刷
定　　　价:25.00 元

“国家级实验教学示范中心植物学科系列实验教材”编写委员会

《土壤肥料学实验》编写人员

主　编　姜佰文　东北农业大学

　　　　　戴建军　东北农业大学

副主编　焦晓光　黑龙江大学

　　　　　王春宏　东北农业大学

参　编　刘　芳　华南农业大学

　　　　　刘春梅　八一农垦大学

　　　　　刘学生　东北农业大学

　　　　　杜志勇　青岛农业大学

　　　　　贾俊香　山西农业大学

前　言

《土壤肥料学实验》是根据国家级实验教学示范中心教材建设规划要求，由多所高校中长期从事土壤肥料的教学及科研工作的一线教师，通过收集国内外有关资料，并结合自己多年的教学实践经验联合编写而成。

土壤肥料学实验是全国高等农业院校种植类各专业农学、园艺、园林、植物保护、植物科学与技术等本科必修的专业基础课程实验。《土壤肥料学实验》分为土壤学实验和肥料学实验两部分。其中土壤学实验除了包括常规的土壤理化性质实验内容外，还增加了土壤有效微量元素测定及评价综合实验、土壤速效养分测定及模拟推荐施肥综合实验、土壤成土母质中的矿物、岩石的识别、土壤剖面形态特征的观察等实验内容；肥料学实验除了包括常规的肥料学实验内容外，增加了肥料粒度和抗压强度、土壤对不同形态化学氮肥的吸持力、尿素含氮量的检测与评价、堆肥和沤肥的制作、几种绿肥生长状况及生态特征观察等实验内容。此外，还增添了标准酸碱溶液的配制和标定方法、常用酸碱溶液的浓度及配法等附录内容，以备查用。

本书突出土壤学和肥料学的基本原理，知识要点和基本指标阐述清晰，内容精简，使学生容易掌握基本的土壤性质、肥料性质的测试方法，本书还注重理论与生产实践的密切结合，培养学生分析问题和解决问题的能力，既可以作为高校各种植类专业的实验教材，也可作为肥料企业农化服务人员和土肥工作者的参考书。

本书的编写分工为：姜佰文（土壤学实验 1～7、实验 11、实验 12），戴建军（土壤学实验 13～15，肥料学实验 21～25、实验 27、实验 28），焦晓光（土壤学实验 16、实验 19、附录一～五），王春宏（土壤学实验 8～10，附录六～八），刘芳（肥料学实验 26、实验 27），刘春梅（土壤学实验 9、实验 10），刘学生（土壤学实验 13、实验 20），杜志勇（肥料学实验 31、实验 32），贾俊香（土壤学 17、实验 18）。焦晓光、贾俊香、刘芳和杜志勇分别对土壤学实验和肥料学实验部分进行了认真的校对工作。

值此书出版之际，我们谨向本书中被参考引用其著述的作者们致谢。由于编者的知识水平和能力有限，书中难免有不足之处，敬请业界同仁和广大读者批评指正，以便我们对后续版的修订，使其完善和提高。

编　者

2012 年 6 月 16 日

前言

目　录

上篇　土壤学实验

下篇　肥料学实验

上　篇

土壤学实验

实验1　土壤样品的采集与处理

【实验目的】

土壤样品的科学采集，是保证土壤分析结果可靠的前提。由于土壤，特别是耕地土壤的差异很大，如果采样不合理，分析结果就会产生较大的误差，甚至出现错误。因此，要使所取的少量土壤样品能反映采样地土壤的实际情况，就必须选择代表性地点和代表性土壤，按规定采集有代表性的样品。否则，分析结果再准确，也不能正确反映所研究土壤的真实情况。此外，还要根据分析目的的不同，采用不同的采样方法和处理方法。

通过本实验，要求掌握正确的土壤样品采集和处理的方法。

【实验设备及用品】

铁锹，土钻，土样粉碎机，研钵，土壤筛。

【实验步骤】

1. 土壤样品的采集

(1) 剖面样品的采集

在研究土壤基本理化性质及土壤类型时，必须按土壤发生层次采样。采样时，首先选好挖掘土壤剖面的位置，然后挖一个 1 m×1.5 m 的长方形土坑。以窄面向阳作为观察面，挖出的土壤应放在土坑两侧。土坑深度可依具体情况而定，一般要求达到母质或地下水，多数在 1～2 m 之间。然后根据剖面的颜色、结构、质地、松紧度、新生体、湿度、植物根系分布等，自上而下地划分土层，并进行仔细观察，描述记录，该记录可作为审查分析结果的参考。然后自下而上地逐层采集待分析的样品，通常采集各发生土层中部位置的土壤，而不是整个发生层。所采集的样品放入布袋或塑料袋内，质量约为 1 kg。在土袋内外附上标签，写明采样地点、剖面编号、土层深度、采样深度、采集日期和采样人等信息。

(2) 耕作土壤混合样品的采集

① 混合样品：在一个采样单元内把各点所采集的土壤混合起来构成混合样品，混合样品具有较高的代表性。为了要了解土壤养分状况，以及与施肥有关的一些性状所用的土样，一般不需挖坑，只需取耕层约 20 cm，最多采到犁底层的土壤，要求混合样品能代表该面积、该土层内养分的实际情况。

② 划定采样区：要使混合样品真正具有代表性，就要正确划定采样区，每一采样区采取一个混合土样。划定采样区时，应事先了解该地区的土壤类型、地形、作物茬口、耕地措施、施肥和灌溉等情况。同一采样区内上述情况应力求大体一致。采样区的面积大小视要求的精度而定，试验地一般以处理小区为采样区；大面积耕地肥力调查，每一采样区面积一般不超过 2～3 hm^2（公顷 hm^2，1 hm^2 = 10^4 m^2）。

③ 确定采样点：在采样区内采样点的分布尽量照顾到土壤的全面情况，不要过于集中，可根据采样面积大小和土壤差异程度，一般设定 5～10 点或 10～20 点。目前多以“S”形的路线取样，此外，还有棋盘状布点取样法和对角线取样法。采样点应避开特殊地点，例如，粪堆、坟头、路边

和翻乱土层的地方等。

④ 采样：在确定好的每个采样点上，先把表层 2～3 mm 的表土刮去，再用土钻插入耕层采取土样。如无土钻，也可用小土铲垂直插入耕层，切取土片宽度和厚度均应上下一致大小均相等。然后，把采样点所取的土样在田头摊放在塑料布上，打碎土块，除去石砾和根、叶、虫体等杂质，并充分拌匀，即构成混合土样。最后，再用四分法从混合土样中缩取其一部分（约 1 kg），放入样品袋中，袋内外附上标签，用铅笔写明采样地点、土壤名称、采样深度、采样日期、采样人等信息。

2. 土壤样品的处理和保存

从野外采回的土样，登记编号后，需经过风干、磨细、过筛、混合制成分析样品，才可进行各项分析。

处理样品的目的是：

① 使样品可长期保存，不致因微生物活动而变质；

② 去除非土部分，使样品能代表土壤本身的组成；

③ 使样品适当磨细和充分混合均匀，令分析时所称土样具有较高的代表性，以减少误差；

④ 使样品磨细，增大土样的表面积，令样品中成分易于提取，进而使反应达到均匀、完全。

样品处理方法和步骤如下：

(1) 风干

除了某些项目（例如田间水分、硝态氮、铵态氮、亚铁等）需用新鲜土样外，一般项目分析均用风干样品。样品的风干可在通风橱中进行，也可以平铺在木板或牛皮纸上，在晾土架上进行风干。为使样品风干均匀，需摊成 2 cm 厚，并时常翻动。倘若有较大的土块，应在半干时用手捏碎。风干场所必须干燥、通风、无阳光直射，而且不受水汽、化学气体及尘埃影响，以免影响分析结果。

样品风干后，挑出粗大的动植物残体（根、茎、叶、虫体）和石块、结核（铁锰结核和石灰结核）等，以免影响分析结果。

在测定硝态氮、铵态氮、亚铁、水分等的含量时，必须采用新鲜土样，因为这些成分的含量在放置或风干过程中会逐渐改变。如果不能及时测定，可在每 500 g 土样中加入 2～3 mL 甲苯或少量石炭酸，以防微生物活动，抑制硝化或氨化作用，密封于冷凉处储存。用新鲜样品时，必须同时测定土壤水分，以换算分析结果。

(2) 磨细和过筛

风干后的土样用木棒在木板上压碎，不可用铁棒或矿物粉碎机磨细，以防压碎石块或沾污上铁质。磨细的土样，用孔径为 1 mm 的筛子过筛（机械分析和可溶性盐的分析有时过 2 mm 筛）；未通过筛的土样需重新压碎过筛，直至全部过筛过止。但石砾切勿研碎，要随时拣出，必要时需称量，计算它占全部风干土样重量的百分率，以便换算机械分析结果。少数细碎的植物根、叶经滚压后能通过 1 mm 筛孔者，可视为土壤有机质部分，不再挑出；较大的动植物残体则应随时除去。

上述通过 1 mm 筛孔的土样，经充分混匀后，即可供一般项目化学分析之用。土壤矿质全量分析以及测定全量氮、磷、钾、有机质等所用的样品，由于样品称量少，分解困难，需继续处理。将通过 1 mm 筛孔的土样铺成薄层，划成许多小方格，用牛角勺多点取出样品 20 g。在玛瑙研钵中小心研磨，使之全部通过 0.25 mm 筛孔。装入广口瓶，贴上标签，供测定之用。

机械分析用的样品要用采回的混合样直接制备：先筛分出直径大于 1 mm 的粒子，将此粗粒部分放在瓷皿中加水淹泡，煮沸约 1 h，经常搅动，将浊液倾入另一皿中，再用水洗 1～2 次，直至倾出清水为止。浊液蒸干后把残渣均匀地混入小于 1 mm 的细粒部分中。粗粒部分烘干后称量，计算其占全部样品的百分率；必要时尚须通过一套孔径为 10、5、3、2、1 mm 的筛组，分别计算各级的百分率。

在土壤分析工作中所用的筛子有两种：一种以筛孔直径大小表示，如孔径为 2、1、0.5 mm 等；另一种以每英寸长度内的筛孔数表示，40 孔者为 40 目(或称 40 号筛)。筛孔数越多，孔径越小。筛目与孔径之间的关系见表 1-1：

表 1-1　筛目与孔径之间的关系

筛孔/目	10	18	35	60	100	120	140	200
孔径/mm	2.0	1.0	0.50	0.25	0.15	0.125	0.105	0.074

(3) 保存

一般样品，通常在广口瓶中保存 1 年左右，以备必要时查核之用；标准样品或对照样品则须长时期妥善保存，不能使被测成分发生改变。样品瓶贴上标签，标签上注明土样号码、采样地点、土类名称、试验区号、深度、采样日期、采样人和过筛孔径等信息。

思　考　题

(1) 采集一个有代表性的土样有哪些要求，应注意什么？

(2) 土壤样品制备过程中应注意哪些事项？

实验2　土壤质地的测定(简易密度计法和手测法)

【实验目的】

土壤质地也称土壤机械组成,是土壤的基本物理性质之一。土壤质地(机械组成)是指土壤中各粒级土粒的配合比例,即由不同比例、不同粒径的颗粒(通称土粒)组成。世界各国大多按土粒粗细分为砾、砂粒、粉粒和黏粒4个粒级,但具体界限和每个粒级的进一步划分有一定差异。我国是借用美国、前苏联和国际土壤学会通过的分级方案,其划分尺度见表2-5。

土壤质地直接影响土壤水分、空气、养分、温度、微生物活动、耕性等,与作物的生长发育有密切的关系。土壤质地的测定是认识土壤肥力性状,进行土壤分类,因土改良,因土种植,因土耕作,因土灌溉,合理利用土壤的重要依据。因此,此项测定具有重要意义。

粒径分析目前最为常用的方法为吸管法和密度计法。吸管法虽然操作烦琐,但较精确;密度计法操作较简单,适于大批测定,但精度略差,计算也较麻烦。如果要求精度较低,也可采用简易密度计法和手测法。

【实验原理】

简易密度计法原理:一定量的土粒经物理、化学处理后分散成单粒,将其制成一定体积的悬浊液,使分散的土粒在悬液中自由沉降。由于土粒大小不同,沉降的速度也不一样,所以不同时间、不同深度的悬液表现出不同的密度。因此,在一定的时间内,待某一级土粒下降后,用甲种土壤密度计可测得悬浮在密度计所处深度的悬液中的土粒含量(g/L),经校正后可计算出各级土粒的质量分数(ω),然后查表确定出质地名称。

密度计法测定土壤质地,一般分为分散、筛分和沉降3个步骤。

1. 土壤样品的分散处理

根据要求的精度不同,采取分散土粒的方法不同。对于要求精度不高的土样,分析时可省去去除有机质和脱钙的手续,可采用直接分散法,并根据土壤pH采用不同的分散剂:

(1) 酸性土壤(50 g)+0.5 mol/L NaOH 40 mL,其作用在于中和酸度,并使土壤胶体形成代换性钠的胶体。

(2) 中性土壤(50 g) +0.25 mol/L $Na_2C_2O_4$ 20 mL,其作用在于草酸钠使土壤胶体形成代换性钠的胶体。

(3) 石灰性土壤(50 g) +0.5 mol/L $(NaPO_3)_6$ 60 mL,其作用在于$(NaPO_3)_6$对于0.002 mm $CaCO_3$表面形成不溶的胶状保护物,致使$CaCO_3$不再溶解;并使土壤胶体上的代换性钙全部被钠所代换,使土壤胶体形成代换性钠的胶体。

2. 粗土粒的筛分

粒径>0.6 mm的粗土粒,用孔径粗细不同的土壤筛相继筛分,经分散处理的土样悬液,可得到不同粒径的土粒数量。常规粒径分析应该只对>0.25 mm的土粒进行筛分,但由于粒径>0.10 mm的土壤颗粒在水中沉降速度太快,悬液测定常常得不到较好的结果。因此,筛分范围可放宽到0.1 mm,即对粒径>0.1 mm的土粒进行筛分。

3. 细土粒的沉降分离(Stokes 定律的应用)

当充分分散的土粒均匀地分布在静水中,由于重力作用,土粒开始沉降,沉降一开始,土粒速度渐增。由此引起的介质的黏滞阻力(摩擦阻力)也随之增加,仅在一瞬间,重力与阻力即达平衡(加速度为零),土粒便作匀速沉降。此时,其沉降速度与土粒半径平方成正比,此即斯托克斯(Stokes) 定律,其公式为

$$V = \frac{2}{9}gr^2 \times \frac{d_s - d_w}{\eta_w} = kr^2$$

式中,V: 土粒沉降速度,cm/s;g: 重力加速度,981 cm/s^2;r: 土粒半径,cm;d_s: 土粒密度(密度),g/cm^3;d_w: 介质(水)密度,g/cm^3;η_w: 介质(水)的黏滞系数,g/(cm · s);k 为常数,即 $k=\frac{2}{9}g\times\frac{d_s-d_w}{n}$。

把胶结土壤颗粒的物质去除,使土壤颗粒全部分散成单粒状态,在一定高度的容器中成悬液状态,粗颗粒沉降最快,细的颗粒沉降较慢(表 2-1)。

表 2-1　小于某粒径颗粒沉降时间表

温度/℃	粒径小于 x 的沉降时间				温度/℃	粒径小于 x 的沉降时间			
	0.05 mm	0.01 mm	0.005 mm	0.001 mm		0.05 mm	0.01 mm	0.005 mm	0.001 mm
4	1′32″	43′	2 h 55′	48 h	23	54″	24′30″	1 h 45′	48 h
5	1′30″	42′	2 h 50′	48 h	24	54″	24′	1 h 45′	48 h
6	1′25″	40″	2 h 50′	48 h	25	53″	23′30″	1 h 40′	48 h
7	1′23″	38′	2 h 45′	48 h	26	51″	23′	1 h 35′	48 h
8	1′20″	37′	2 h 40′	48 h	27	50″	22′	1 h 30′	48 h
9	1′18″	36′	2 h 30′	48 h	28	48″	21′30″	1 h 30′	48 h
10	1′18″	35′	2 h 25′	48 h	29	46″	21′	1 h 30′	48 h
11	1′15″	34′	2 h 25′	48 h	30	45″	20′	1 h 28′	48 h
12	1′12″	33′	2 h 20′	48 h	31	45″	19′30″	1 h 25′	48 h
13	1′10″	32′	2 h 15′	48 h	32	45″	19′	1 h 25′	48 h
14	1′10″	31′	2 h 15′	48 h	33	44″	19′	1 h 20′	48 h
15	1′08″	30′	2 h 15′	48 h	34	44″	18′30″	1 h 20′	48 h
16	1′06″	29′	2 h 5′	48 h	35	42″	18′	1 h 20′	48 h
17	1′05″	28′	2 h	48 h	36	42″	18′	1 h 15′	48 h
18	1′02″	27′30″	1 h 55′	48 h	37	40″	17′30″	1 h 15′	48 h
19	1′00″	27′	1 h 55′	48 h	38	38″	17′30″	1 h 15′	48 h
20	58″	26′	1 h 50′	48 h	39	37″	17′	1 h 15′	48 h
21	56″	26′	1 h 50′	48 h	40	37″	17′	1 h 10′	48 h
22	55″	25′	1 h 50′	48 h					

在一定深度的那一段液柱内,它的悬液密度将逐渐降低,利用特制的土壤密度计,在规定时间内,测定某一深度内悬液的密度,从而换算出土壤中粗细颗粒的比例,并可推算出土壤质地等级。

充分分散成单粒的土壤在沉降筒中沉降,使土壤悬液的密度发生变化。用密度计测定之,可

以反映出土粒分布情况，甲种(鲍氏)土壤密度计(土壤相对质量密度计)，可以直接指示出密度计所处深度的悬液中土粒含量。即可从密度计刻度上直接读出每升悬液中所含土粒的质量。不同粒径的土粒含量可按不同温度下土粒沉降时间测出。

【实验设备及用品】

① 甲种土壤密度计(鲍氏密度计，刻度范围 0～60，最小刻度单位 1 g/L)。

② 沉降筒(或 1000 mL 量筒)，带搅拌棒 1 个(系不锈金属制成，也可用粗玻棒为杆，高55 cm，下端装上直径5 cm 的带孔铜片或厚胶板)，1 mm 土壤筛和 0.25 mm 小铜筛各 1 个。

③ 铝盒，瓷蒸发皿，250 mL 三角瓶，洗瓶，胶头玻璃棒或大号橡皮塞，研钵。

④ 温度计 50℃或 100℃，100 mL 量筒。

⑤ 电热板或砂浴，烘箱，振荡机，百分之一天平。

【试剂配制】

① 0.5 mol/L NaOH 溶液：20 g NaOH(化学纯)溶于水，稀释至 1 L (用于酸性土壤)。

② 草酸钠溶液，$c(1/2\ Na_2C_2O_4)$为 0.5 mol/L：35.5 g $Na_2C_2O_4$(化学纯)溶于水，稀释至 1 L (用于中性土壤)。

③ 六偏磷酸钠溶液，$c[1/6\ (NaPO_3)_6]$为 0.5 mol/L：51 g $(NaPO_3)_6$(化学纯)溶于水，稀释至1 L (用于碱性土壤)。

【实验步骤】

(1) 1 mm 的石砾处理

将土样风干，拣去枯枝落叶、草根等粗有机质，磨碎过 1 mm 筛，大于 1 mm 的石砾装在皿器中，加水煮沸，用带橡皮头的玻璃棒轻轻擦洗，倾去浊水，再加水煮洗。如此反复进行，直至将石砾洗清。将石砾烘干，过 3 mm 筛。分别称量，并称量通过 1 mm 筛孔的全部土量，算出石砾的百分含量(具体计算见本节(4)③)。如果没有石砾，则过 1 mm 筛孔的细土无需称量。

(2) 样品分散

可省去去除有机质和脱钙的手续，采用直接分散法。称取通过 1 mm 筛孔的风干样品 50 g，置于 500 mL 三角瓶中，加蒸馏水湿润样品，另称 10 g 置于铝盒中，测吸湿水含量，以计算烘干土量。根据土壤酸碱性将相应的分散剂加入三角瓶中，再加蒸馏水，使三角瓶内土液体积达 250 mL，盖上小漏斗，摇匀，静置 20 min 后加热，并经常摇动三角瓶，以防土粒沉积瓶底结成硬块或烧焦，影响分散或使三角瓶破裂。应保持沸腾 0.5 h。煮沸过程中如泡沫多，可加 1～2 滴异戊醇去沫，防止煮沸液溢出。

冷却后将三角瓶内的消煮液全部无损地移至 1000 mL 沉降筒中，加蒸馏水至 1000 mL，放置于温差变化小的平稳桌面上，准备好密度计、秒表、温度计(±0.1℃)、记录纸等。

(3) 测定悬液密度

用搅拌器搅拌悬液 1 min (上下各约 30 次)，从停止搅拌时开始记录时间，并测定悬液温度。参照表 2-1 所列温度、时间和粒径的关系来确定测定悬液密度的时间。提前 30 s 将密度计轻轻插入悬液中，到了选定时间立刻读数，并再次测试悬液温度，要求两次测温误差不超过 0.50℃，否则重新搅拌。按照上述步骤，可分别测出<0.05，0.01，0.005，0.001 mm 等各级土粒的密度计读数。

读完后取出密度计，洗净拭干、保存。然后再用搅拌器搅拌土液，至第二次应测时间再进行土液的密度和温度的测定。

(4) 测定值校正及密度计校正

① 分散剂校正值(即每 L 悬液中所含分散剂的数量)：加入样品中的分散剂充分分散样品并分布在悬液中，故对 0.1 mm 以下各级颗粒含量均需校正。

由于在计算中各级含量百分数由各级依次递减而算出。所以，分散剂占烘干样品的质量分数可直接从测得最小一级的粒径含量中减去。

② 密度计读数的温度校正：土壤密度计的刻度是以 20℃为准的。但由于密度计读数时不一定为标准的 20℃，因而温度不同时，必须将密度计读数加以校正，根据第二次测试的土液的实际温度根据校正值表(表 2-2)进行校正。

表 2-2　土壤密度计温度校正值表

温度/℃	校正值	温度/℃	校正值	温度/℃	校正值	温度/℃	校正值	温度/℃	校正值
6～8.5	−2.2	15.5	−1.1	20.5	+0.15	25.5	+1.9	30.5	+3.8
9～9.5	−2.1	16	−1.0	21	+0.3	26	+2.1	31	+4.0
10～10.5	−2.0	16.5	−0.9	21.5	+0.45	26.5	+2.2	31.5	+4.2
11	−1.9	17	−0.8	22	+0.6	27	+2.5	32	+4.6
11.5～12	−1.8	17.5	−0.7	22.5	+0.8	27.5	+2.6	32.5	+4.9
12.5	−1.7	18	−0.5	23	+0.8	28	+2.9	33	+5.2
13	−1.6	18.5	−0.4	23.5	+1.1	29	+3.3	33.5	+5.5
13.5	−1.5	19	−0.3	24	+1.3	28.5	+3.1	34	+5.8
14～14.5	−1.4	19.5	−0.1	24.5	+1.5	29.5	+3.5	34.5	+6.1
15	−1.2	20	0	25	+1.7	30	+3.7	35	+6.4

③ 当石砾含量<5%时，应将 1～3 mm 石砾含量归入砂粒之内，并包括在分析结果的 100%之内；若>5%，则在质地命名时，冠以“石质性”土(表 2-4)，例如“石质性细砂土”，“石质性粗砂土”等。

【结果与分析】

1. 结果计算

将结果整理计入表 2-3。

表 2-3　结果记录表

粒径/mm	密度计原读数	温度/℃	温度校正值	分散剂校正值	校正后密度计读数	烘干土样质量	小于某粒径土粒含量/(%)
<0.05							
<0.01							
<0.005							
<0.001							

将风干土样重换算成烘干土样质量，对密度计读数进行必要的校正。

校正数＝原读数－(分散剂校正值＋温度校正值)

分散剂校正值(g/L)＝加入的分散剂的毫升(mL)数×分散剂浓度(mol/L)×分散剂的摩尔

质量(M)

$$小于某粒径土粒的含量=\frac{校正后读数}{(烘干土样重\times石砾\%)+烘干土样重}\times100\%$$

密度计法允许平行误差<3%。

将相邻两粒径的土粒含量百分数相减，即为该两粒径范围内的粒级百分含量。

2. 质地定名

查“中国土壤质地分类标准”(表2-4)即可定出土壤质地名称。

表 2-4　中国土壤质地分类标准

质地名称		颗粒组成		
类别	名称	黏粒(0.001 mm)含量/(%)	粗粉粒(0.05～0.01 mm)含量/(%)	砂粒(1～0.05 mm)含量/(%)
砂土	粗砂土	<30		>70
	细砂土			60≤～<70
	面砂土			50≤～<60
壤土	砂粉土		≥40	≥20
	粉土			<20
	砂壤土		<40	≥20
	壤土			<20
	砂黏土	≥30		≥50
黏土	粉黏土	30≤～<35		
	壤黏土	35≤～<40		
	黏土	>40		

表 2-5　几种土壤粒级分级制

粒径/mm	中国制(1987)	卡庆斯基制(1957)	美国制(1951)	国际制(1930)
3～2	石砾	石砾	石砾	石砾
2～1			极粗砂粒	粗砂粒
1～0.5	粗砂粒	粗砂粒	粗砂粒	
0.5～0.25		中砂粒	中砂粒	
0.25～0.2	细砂粒	细砂粒	细砂粒	
0.2～0.1				细砂粒
0.1～0.05			极细砂粒	
0.05～0.02	粗粉粒	粗粉粒	粉粒	
0.02～0.01				粉粒
0.01～0.005	中粉粒			
0.005～0.002	细粉粒	中粉粒		
0.002～0.001	粗砂砾	细粉粒	黏粒	黏粒
0.001～0.0005	细黏粒	粗黏粒		
0.0005～0.0001		细黏粒		
<0.0001		胶质黏粒		

附 土壤质地手测法

本法以手指对土壤的感觉为主,结合视觉和听觉来确定土壤质地名称。此方法简便易行,熟练后也较准确,适合于田间土壤质地的鉴别。

手测法有干测和湿测两种,可相互补充,以湿测为主。

干测法:取玉米粒大小的干土块,放在拇指与食指间使之破碎,根据指压时的感觉和用力大小来判断。

湿测法:取土一小块(算盘子大小,直径约2 cm),除去石砾和根系、新生体或侵入体,放在手中捏碎,加水少许,调至以湿润为度,根据手指的感觉,能否搓成片、球、条及弯曲时断裂等情况加以判断。

现将土壤质地分类手测法判断标准列于表2-6。

表2-6 土壤质地分类手测法判断标准

质地	肉眼观察	干测法		湿测法		
		手指搓土面	手指压土块	湿时搓成土球(直径1 cm)	湿时搓成土条(约4 mm粗)	湿时压成片(薄片)
砂土	几乎全是砂粒	感觉全是砂粒,搓土面时沙沙作响	不成土块,为松散的单粒	不能搓成球,强搓成,一触即碎	搓不成条	压不成片
砂壤土	以砂为主,有少量细土	感觉主要是砂粒,稍有土的感觉,搓时有沙沙声	土块用手轻压或抛在铁锹上很容易散碎	可以搓成球,轻压即碎	强搓成条,但易断	可成片,片面很不平整,易碎
轻壤土	砂多,细土二三成	感觉有较多的黏质颗粒,搓时仍有沙沙声	用手压碎土块相当压断一根火柴棒的力	可以搓成球,压扁时边缘裂缝多而大	可成条,用手轻轻提起即断	可成片,片面较平整。边缘有裂口
中壤土	还可看到砂粒	感觉砂粒大致相当,有面粉状感觉	用手较难压碎干土块	搓成球压扁时边缘有小裂缝	可成条,弯成2 cm直径圆时易断	可成片,片面平整。边缘有小裂口
重壤土	几乎见不到砂粒	感觉不到砂粒的存在。土面细腻平滑	用手很难压碎干土块	可搓成球,压扁时边缘有很少小裂缝	可成条及弯成圆圈。将圆圈压扁时有裂缝	可成片,片面平整。有弱反光,边缘无裂缝
黏土	看不到砂粒	用手难以磨成粉面,土面细	用手压不碎干土块,锤击也不会成粉末	搓成球,球面有光泽,压扁后边缘无裂缝	可成条及弯成圆圈,压扁圆圈无裂缝	可成片,片面平整,有强反光

思考题

(1) 简述我国土壤质地分级标准。

(2) 我国的土壤粒级分级制与苏联、美国以及国际上通用的有哪些主要差异?

(3) 土壤质地测定常用哪几种方法?

实验3　土壤团粒分析(机械筛分法)

【实验目的】

土壤团聚体即土壤结构，是指土壤所含的大小不同、形状不一、有不同孔隙度和机械稳定性和水稳性的团聚体总和。土壤结构性是一项重要的土壤物理性质，它是指土壤中的单粒和复粒(包括结构体)的数量、大小、形状、性质及其相互排列状况和相应的孔隙状况等的综合特性。

土壤结构性的好坏，也反映在土壤孔性方面，它是孔性的基础。土壤团聚体是由胶体的凝聚、胶结和黏结作用而相互联结形成的土壤原生颗粒组成的。通常把粒径＞0.25 mm 的称为大结构，而＜0.25 mm 者称为微结构。团聚体可分水稳性及非水稳性两种：水稳性团聚体大多是钙、镁、腐殖质胶结起来的团聚体，在水中振荡、浸泡、冲洗而不易崩解，仍维持其原来的结构，故称为水稳性团聚体；非水稳性团聚体放入水中时，就迅速崩解为组成土块的各颗粒成分，而不能保持原结构状态，故称为非水稳性团聚体。一般的团聚体测定都是根据团聚体在静水或流水中的崩解情况来识别它的水稳性程度的。

土壤团粒结构状况是鉴定土壤肥力的指标之一，有良好团粒结构的土壤，不仅具有高度的孔隙度和持水性，而且具有良好的透水性，水分可以沿着大孔隙毫无阻碍地渗入土壤，从而减少地表径流，减轻土壤受侵蚀程度。由于团聚体内存在毛管孔隙，各团聚体间又存在通气的大孔隙，所以，土壤微生物的嫌气、好气过程同时存在，这不仅有利于微生物的活动，而且增加速效养分含量，并且能使有机质等养分的消耗减慢。所以有良好团粒结构的土壤在植物生长期间能很好地调节植物对水分、养分、空气、温度的需要，以促进作物获得高产。可见，土壤结构性具有一定的生产意义，土壤结构状况通常是由测定土壤团聚体来鉴别的。

土壤团聚体组成测定方法，目前主要有人工筛分和机械筛分法两种。

本实验主要掌握机械筛分法(约得尔法)测定土壤团聚体的原理和方法。

【实验设备及用品】

团粒分析仪的主要部件为发动机、振荡架、铜筛、白铁水桶等。

① 发动机和振荡器：要求振荡架能放四套铜筛，由发动机带动，上下振荡速度为 30 次/min，为上下运动，距离约为 3.3 cm。

② 铜筛四套：在大量分析时，可备 8 套，轮流交换使用，每套铜筛的孔径为 5，3，1，0.5，0.25 mm，铜筛高 4 cm，直径 13 cm。

③ 白铁水桶：高 31.5 cm，直径 19.5 cm，共 4 个，漏斗及漏斗架各一个，直径比铜筛稍大些。

④ 其他：天平(感量 0.01 g)，铝盒或称皿，电热板等。

【实验步骤】

取从野外采集来的原状土样，将其中大的土块按其结构轻轻剥开，使其成为直径约 10 mm 的团块，放在纸上风干，风干后用四分法取样。为了保证样品代表性，可以将样品筛分为 3 级，即 5，5～2，2 mm，然后按其干筛百分数之比称取样品，配成 50 g，供湿筛用。

将孔径为 5，3，1，0.5，0.25 mm 的筛组依次叠好，孔径大的在上。将已称好的样品置于筛组上。将筛组置于团粒分析仪的振荡架上，放入桶中，向桶内加水达一定高度，至筛组最上面一个筛子的上缘部分，在团粒分析仪工作时的整个振荡过程中，任何时候都不可超离水面。启动发动机，振荡时间为20～30 min。

将振荡架慢慢升起，使筛组离开水面，等水淋干后，用水轻轻冲洗最上面的筛子(即孔径为5 mm的筛子)，把留在筛子上的5 mm的团聚体洗到下面筛子里，冲洗时应注意不要把团聚体冲坏，然后将留在各级筛上的团聚体洗入铝盒或称量皿中。

将铝盒中各级水稳团聚体放在电热板上烘干，然后在室内放置一昼夜，使呈风干状态，称量(精确至0.01 g)。

【结果与分析】

根据称量结果计算团聚体的含量。

$$\text{各级团聚体含量}=\frac{\text{各级团聚体的烘干品质量(g)}}{\text{烘干样品质量(g)}}\times 100\%$$

$$\text{总团聚体含量}=\text{各级团聚体含量的总和}$$

$$\text{各级团聚体占总团聚体的百分数}=\frac{\text{各级团聚体含量}}{\text{总团聚体含量}}\times 100\%$$

【注意事项】

样品的采集和处理极为重要。

① 田间采样时要注意土壤湿度，不宜过干或过湿，最好在不黏锹、经接触而不易变形时采取。

② 采样时，一般耕层分两层采，要注意不使土块受挤压，以尽量保持原状。最好采取一整块土壤，剥去土壤表面直接与铁锹接触而变形的部分，均匀地取内部未变形的土样(约2 kg)，置于封闭的木盒或白铁盒内，运回室内。

③ 室内处理时，将土块剥成10～12 mm直径的小样块，弃去粗根和石块，土块不宜过大或过小，剥样时应沿土壤的自然结构轻轻地剥开，避免其受机械压力变形，然后将样品放置风干2～3天，至样品变干为止。

④ 机械筛分法取样时，注意风干土样不宜太干，以免影响分析结果。

⑤ 在进行湿筛时，应将土样均匀地分布在整个筛面上。

⑥ 将筛子放到水桶中时，应轻放、慢放，避免冲出团聚体。

⑦ 因为有时实验室所用的5 mm、2 mm铜筛，其孔间排列不够紧密，所以往往有小于该孔径的团聚体留在筛上，因此在振荡后再轻轻冲洗一下。

思考题

(1) 什么是土壤团聚体组成？有哪些测定方法？

(2) 土壤团粒结构状况与土壤孔隙度、持水性、透水性有什么关系？

实验4　土壤成土母质中的矿物、岩石的识别

【实验目的】

土壤的固体部分称为土粒。固体土粒由矿物质和有机质两部分组成。矿质土粒是由不同矿物或石屑组成，这些矿物按照其来源可分为两类，即原生矿物和次生矿物。原生矿物是指那些在风化过程中未改变其化学组成的原始成岩矿物。本实验观察识别的都是成土母岩中的原生矿物。主要原生矿物包括石英 SiO_2、长石（钾长石 $KAlSi_3O_8$、钠长石 $NaAlSi_3O_8$、钙长石 $CaAl_2Si_2O_8$ 等）、云母（黑云母、白云母等，都是复杂的铝硅酸盐矿物）、角闪石及辉石（都是一些含铁、镁、钙、锰等的铝硅酸盐矿物）等。另外，土壤中还有一些辅助原生矿物，含量一般很少，但对土壤养分供应却有重要作用，例如有磷灰石（含磷）、橄榄石（含镁）、电气石（含硼）等。

石英是土壤中最难风化的一种矿物，在土壤中普遍存在，它通常是构成砂粒和粉粒的主要成分，它不提供任何养分。正长石风化比云母慢，所以它的存在就比云母普遍，而斜长石则比正长石易于风化。至于角闪石、辉石，其风化又比云母容易。这些矿物风化后都产生黏粒（粒径<0.01 mm的土粒），并能提供养分，如，正长石风化后可提供钾素，斜长石风化后提供钾、钙、镁；云母风化后可释放出钾、钙、镁、铁等营养元素；角闪石、辉石风化后可提供铁、镁、钙、锰等营养元素。

矿物是组成岩石的基本单位，不同的岩石由不同矿物组成。岩石经风化作用形成母质，母质是土壤形成的基础。土壤成土母质中的岩石、矿物种类与土壤的化学组成、物理性质关系密切，它们对土壤的理化性状、酸碱度及养分种类、含量等土壤肥力指标都有很大的影响。识别主要的成土岩石、矿物，对于认识土壤和改良、利用土壤都具有很重要的意义。通过本实验，要求能识别成土的主要岩石和母质，了解其特征及分布规律。

【实验设备及用品】

地质锤，放大镜，白瓷比色板，比色卡片，10%盐酸，酸碱混合指示剂，钢卷尺，条痕板，摩氏硬度计，回形针，玻璃片，小刀，锉，放大镜。

岩石标本，矿物标本，化石标本。

【实验步骤】

（一）矿物的识别

1. 矿物的主要物理性质

矿物的物理性质是矿物化学成分和内部构造的反映，是识别矿物的主要依据。各种不同矿物，其物理性质各不相同，通常作为识别矿物的依据。现将各种矿物的物理性质叙述如下：

(1) 形态

形态指矿物的形状。例如，角闪石常呈柱状，云母呈片状，方解石呈菱形等。

① 单个晶体的形态：

柱状：石英，电气石。

板状：石膏，重晶石。

片状：云母，辉钼矿。

粒状：黄铁矿(立方体、五角十二面体)，石榴子石(四角三八面体、菱形十二面体)，磁铁矿(八面体)。

② 集合体的形态：

晶簇状：石英，方解石。

放射状：阳起石，红柱石。

纤维状：石棉，纤维石膏。

鳞片状：镜铁矿，锂云母。

粒状：橄榄石。

结核状：磷灰石。

葡萄状：硬锰矿。

钟乳状：方解石。

鲕(鱼鳞)状：赤铁矿。

豆状：赤铁矿。

(2) 颜色

矿物的颜色主要是矿物对可见光波中不同波长光波的选择吸收作用的结果。

① 自色：是指矿物本身固有的颜色，因其比较稳定而具有鉴定意义，如，黄铜矿、黄铁矿具铜黄色，磁铁矿具铁黑色，孔雀石具翠绿色。

② 他色和假色：都不是矿物本身所固有的，而是外来杂质或由于某些物理因素所造成的颜色，因而都不是鉴定特征。

观察矿物颜色时要利用太阳光而不用灯光做光源，要看新鲜断面的颜色，以避免风化薄膜的颜色干扰，要区分自色、他色和假色(利用条痕可帮助区分自色、他色和假色)。

(3) 条痕

条痕是矿物粉末的颜色。拿矿物的尖端在无釉瓷板上擦划，当矿物的硬度小于瓷板时，所留下的条痕色即为条痕。它比块状矿物的颜色固定些，因而更具有鉴定意义，尤其是对深色金属矿物的鉴定。

观察矿物条痕时，要注意在干净平整的白色瓷板(或粗碗底边)上进行，要用被测矿物的尖棱角在瓷板上进行刻划。若矿物的硬度大于瓷板的硬度时，则刻划出来的是瓷板的粉末，而不是矿物的粉末，这时要用别的工具将矿物破碎成粉末后，放在白纸上进行观察。

(4) 光泽

光泽指矿物表面反射光的色泽和亮度。光泽可分为下列几种：

① 金属光泽：像磨光的金属表面所具有的光泽一样。如金、银、铜、铁等金属矿物的表面，反光很强，光耀夺目，这些矿物在无釉瓷板上划的条痕为深色，并且在很薄的情况下都是不透明的。

② 半金属光泽：矿物表面反光较弱，呈历久变暗的金属表面的光泽，如磁铁矿。

③ 非金属光泽：常常为透明、半透明或是颜色较浅的矿物所具有的光泽。根据其表现不同，又可分为(a～e)：

a. 玻璃光泽：像玻璃的光泽，如长石、石英等。具有玻璃光泽的矿物最多，约占矿物总数的70%。

b. 油脂光泽：像涂上脂肪一样，如石英的断口所呈现的光泽。

c. 珍珠光泽：如珍珠对光的反射所表现出的光泽，如云母。

d. 绢丝光泽：像丝织品反光一样，如纤维石膏。

e. 土状光泽：为表面不发光的土状矿物所特有的光泽，如土对光的反射。像高岭土等则称为土矿物对光的反射。

(5) 硬度

硬度指矿物抵抗摩擦或刻划的能力。矿物的硬度比较固定，在鉴定上意义重大。通常确定矿物硬度的方法是用两种矿物相互刻划，用已知硬度的矿物来确定未知矿物的硬度。以摩氏硬度计作标准，即选定 10 种矿物作为硬度分级标准。这 10 种矿物排列顺序列于表 4-1：

表 4-1　硬度分级标准

硬度	1	2	3	4	5	6	7	8	9	10
对应矿物	滑石	结晶石膏	方解石	萤石	磷灰石	正长石	石英	黄玉	刚玉	金刚石

这 10 种矿物中，每一种矿物都能刻划位于它前面硬度较小的矿物，同时又能被其后面硬度较大的矿物所刻划。例如，某一矿物能刻划磷灰石，同时又能被磷灰石所刻划，则其硬度为 5；如果某一矿物能刻划磷灰石，但不能被磷灰石刻划，而能被正长石所刻划，则其硬度为 5.5。

应该指出，摩氏硬度计仅是硬度的一种等级，它只表明硬度的相对大小，不表示其绝对值的高低，绝不能认为金刚石的硬度为滑石的 10 倍。

在野外工作时，常采用硬度代用品，如指甲的硬度约为 2～2.5，铜具的硬度约为 3，回形针的硬度约为 3.5，玻璃片的硬度约为 5，小刀的硬度约为 5.5，钢锉的硬度约为 6～7。一般矿物的硬度很少有超过 7 的。

(6) 解理和断口

矿物受力后沿一定方向裂开成光滑平面的性质称为解理。受力后如成不规则的破裂，呈凹凸不平的破裂面，称为断口。

按矿物解理的难易及解理面完整程度，解理可分为四种：

① 极完全解理：解理面极平滑，可裂成薄片状，如云母。

② 完全解理：解理面平滑，不易发生断口，往往沿解理面裂开为小块，而其外形仍与原来的晶形相似，如方解石。

③ 不完全解理：在矿物碎块上可以找到解理面，但比较困难，主要都是不平滑的断口，如磷灰石。

④ 无解理：碎块中找不到解理面，如石英。

根据解理面的数目可分为一向解理(如云母)、二向解理(如长石)、三向解理(如方解石)等。必须把解理面与结晶面区别开来。有些矿物(如石英)只有结晶面，而没有解理面。

矿物断口的形状有以下几种：

① 贝壳状断口：破裂面像贝壳，如石英。

② 平坦状断口：破裂面略为平坦，如磁铁矿。

③ 土状或粒状断口：断口处粗糙似黏土状，如褐铁矿。

④ 参差状断口：断口有参差突起，如角闪石、辉石。

(7) 密度

密度指矿物的质量与4℃时同体积水的质量比。矿物的密度测定比较困难，可用手掂其质量粗略判断密度的大小。绝大多数矿物的密度在2.5～4之间：密度<2.5者称为轻矿物；2.5～4者称为中等密度的矿物；密度>4者称为重矿物。

上述的一些物理性质，在鉴定时不一定对每种矿物都需要，因为有许多矿物只有几种显著性质，常常根据1～2种性质就可以鉴定其为某种矿物。

矿物的鉴定，除根据物理性质外，还可以做一些简单的化学实验。例如，用稀冷盐酸滴在矿物上，如发生二氧化碳气泡的，就是方解石或文石。

2. 主要成土矿物的物理性质

主要成土矿物的物理性质见表4-2。

表4-2　主要成土矿物的物理性质

种类	形态	颜色	条痕	光泽	硬度	解理	断口	密度	备注
石英	块状	灰、白、无	白	玻璃，油脂	7	无	贝壳	2.6	
正长石	柱状	肉红、浅红	白	玻璃	6	二项解理，互成直角	参差	2.6	
斜长石	柱状	灰、乳白	白	玻璃	6	二项解理，互成斜角	参差	2.6	
白云母	片状	无色透明	无	珍珠	2.5	极完全	—	2.7～3.2	
黑云母	片状	黑或褐色透明或透明	无	珍珠	2.5	极完全	—	2.7～3.2	
角闪石	细长，柱状	暗绿，黑	—	玻璃	5～6	二项完全解理，互成近60°	参差	3.2～3.6	
辉石	短粗柱状	黑绿黑绿	灰	玻璃	5.5	二项解理，夹角近直角	参差	3.2～3.6	
橄榄石	粒状	黄绿	无	玻璃	6.5～7	—	贝壳	3.2～3.34	
方解石	菱面体	乳白，灰褐	—	油脂，玻璃	3	三项完全解理	—	2.7	滴冷的稀盐酸，起泡
白云石	马鞍状菱面体	白	白	珍珠	3.5～4	三项完全解理	—	2.8～2.9	滴冷的稀盐酸，不起泡
磷灰石	块状	绿、褐	白	油脂，玻璃	5	不完全解理	参差	3.15	
赤铁矿	块状、鲕状	紫红、铁黑	樱红色	半金属	5.5～6	无	参差	5	
磁铁矿	柱状、块状	铁黑	黑色	半金属	5.5～6	无	参差	4.9～5.2	具磁性
褐铁矿	块状	褐、深褐	黄褐	半金属	5.0～5.5	无	参差	4	
黄铁矿	块状	金黄		金属	6.0～6.5	无	参差	4.9～5.2	
高岭石	块状	白	白	土状	2	—	—	2.6	

(二) 岩石的识别

1. 岩石识别的主要依据

岩石识别的主要依据是其成分、结构和构造。

(1) 岩石的成分

① 矿物成分：组成岩石所必不可少的矿物称为主要矿物。若仅为少量存在、对岩石进一步

命名起作用的称为次要矿物。可有可无的矿物称为副成分。如花岗岩，其主要成分为石英、正长石和云母三种矿物，而黄铁矿、磁铁矿等为其副矿物。又如花岗闪长岩中的角闪石与中性斜长石为主要成分，石英、长石为次要成分，对命名不起作用的为副矿物。

② 化学成分：岩石没有一定的化学组成，但其有大概的化学成分。对岩浆岩来说，含二氧化硅的百分比很重要。凡含二氧化硅在65%以上时称为酸性岩石；在55%～65%时称为中性岩石；在45%～55%时称为基性岩石；45%以下时称为超基性岩石。对沉积岩来说，常根据其主要成分来区别其为硅质岩石、铁质岩石还是石灰质岩石等。

(2) 岩石的结构和构造

岩石的结构是指组成岩石的各种矿物颗粒的结晶程度、颗粒大小和形态以及矿物间相互结合关系所表现出来的岩石特征。

岩石的构造是指组成岩石的矿物集合体在空间的排列、配置和充填方式，即表示矿物集合体和矿物集合体间的各种岩石特征。

岩石的结构和构造，通常可分为以下几种：

① 岩浆岩常见的结构与构造。

a. 岩浆岩的结构：粗、中粒全晶质等粒结构、全晶质似斑状结构(深成岩常见结构)、细粒全晶质结构或斑状结构(浅成岩常见结构)及隐晶质、玻璃质或斑状结构(喷出岩常见结构)。

b. 岩浆岩的构造：侵入岩多为块状构造，喷出者多见流纹状、杏仁状构造及块状构造。

② 沉积岩的结构和构造。

a. 沉积岩常见的结构：有碎屑结构、化学结构和生物结构。其中，碎屑结构是碎屑岩特有的结构，按颗粒直径大小可分为砾状结构(颗粒>2 mm)、砂粒状结构(颗粒2～0.05 mm)、粉砂状结构(颗粒0.05～0.005 mm)、泥状结构(颗粒<0.005 mm)；按颗粒形状特征又分为砾状、角砾状结构。化学结构是化学岩特有的结构，是从溶液中沉淀的晶粒所构成的岩石结构。生物结构是生物遗体及其碎片(多已石化)组成的结构，常在某些生物灰岩、硅质岩中出现，如珊瑚灰岩、贝壳灰岩。

b. 沉积岩的构造：沉积岩的构造有层理构造、层面构造。其中，层理构造是指按先后顺序沉积下来的沉积物。因颗粒大小、形状、物质成分和颜色不同显示出来的成层现象；层面构造是各种地质作用在沉积岩层面上保留下来的痕迹，主要层面构造有波痕、泥裂(龟裂)、雨痕、足迹、生物化石、结核等。

③ 变质岩的结构和构造。

a. 变质岩常见的结构：全晶质粗粒(中粒、细粒)变晶结构，全晶质鳞片状变晶结构，全晶质隐晶变晶结构，变余结构和碎裂结构。

b. 变质岩常见的构造：块状构造，片理构造(根据变质深浅进一步分为板状构造、千枚状构造、片状结构、片麻状构造)，条带状构造，变余构造。

2. 主要成土岩石的成分、结构和构造

① 花岗岩：花岗岩为岩浆岩酸性岩类的深成侵入岩。其矿物成分主要含有石英、正长石和黑云母，另外有少量角闪石、辉石、黄铁矿和磁铁矿等次要成分。二氧化硅含量在65%以上，为全晶质等粒结构，块状构造。

② 流纹岩：流纹岩为岩浆岩酸性岩类的喷出岩。其矿物成分与花岗岩相似，属玻璃或隐晶结构，因有流纹构造而得名。

③ 正长岩：正长岩为岩浆岩半碱性岩类的深成侵入岩。其矿物成分几乎全是正长石，副成分以角闪石和少量云母为主。含二氧化硅 52%～65%，属全晶质等粒结构，块状构造。

④ 粗面岩：粗面岩为岩浆岩半碱性岩类的喷出岩。其矿物成分与正长岩相似。手感较粗，结晶颗粒小呈隐晶结构，呈淡红色、淡黄色或灰色、块状构造。

⑤ 闪长岩：闪长岩为岩浆岩中性岩类的深成侵入岩。其主要矿物成分为斜长石和角闪石，次要矿物有辉石、云母及黄铁矿等，为中性岩。全晶质似斑状结构、块状构造。

⑥ 辉长岩：辉长岩为岩浆岩基性岩类的深成侵入岩。辉石和斜长石为主要矿物成分，辉石居多，次要矿物有角闪石和云母。含二氧化硅 45%～52%，为基性岩。全晶质似斑状结构、块状构造。

⑦ 玄武岩：玄武岩为岩浆岩基性岩类的喷出岩。其矿物成分与辉长岩相似，特点是密度大、细致，有气孔或块状构造，色深暗。

⑧ 砾岩：为沉积岩的碎屑岩类，有砾石(直径＞2 mm)，含量在 50%以上，经胶结而成。具碎屑结构，层理构造。

⑨ 砂岩：为沉积岩的碎屑岩类，由 0.1～2 mm 的砂粒胶结而成，主要成分为石英。颗粒比页岩粗些，砂状结构，层理构造。

⑩ 页岩：为沉积岩的黏土岩类，黏土经压实脱水和胶结作用硬化形成。颗粒细小，为泥状结构，呈一页一页的薄片状，呈页理构造。

⑪ 石灰岩：为沉积岩的化学岩类，由碳酸钙沉积胶结而成。其特点是：很细致，滴稀盐酸放出 CO_2 泡沫。质纯者，一般色浅，含有机质及其他杂质时，则呈浅红色，灰黑色或黑色。含 CO_2 多时称硅质灰岩，含黏土多时称泥质灰岩。具化学结构、层理构造。

⑫ 花岗片麻岩：为变质岩类，由花岗岩经高温高压变质而成。主要矿物与花岗岩相似，柱状与粒状矿物黑白相间呈断续条带状排列，即片麻状构造。全晶质粗粒变晶结构。

⑬ 板岩：为变质岩类，由泥质页岩变质而来。较硬且脆，敲击时，石声悦耳。板状构造，隐晶变晶结构。

⑭ 石英岩：为变质岩类，由砂岩变质而来。极为坚硬，呈全晶质变晶结构，块状构造。石英岩与石灰岩的区别在于：用较小的力气，轻轻敲打即能打开的是石灰岩；用岩石锤打，用力气很大，冒火星的是石英岩。用稀盐酸试之，冒泡的是石灰岩，不冒泡的是石英岩。

⑮ 大理岩：为变质岩类，由石灰岩变质而来。因产于云南大理而得名。质纯者多为白色，因含有其他杂质而呈灰、绿、红、浅黄等颜色。用稀盐酸试之，有泡沸反应。

3. 主要岩浆岩的特性比较

岩浆岩是较难识别的岩石，种类很多。根据岩石的结构、构造、矿物成分及颜色可以大致判断岩浆岩的种类及其性状。浅色的岩浆岩，如流纹岩、花岗岩含正长石、石英多而斜长石少；深色的岩浆岩，如玄武岩、辉长岩，含辉石、斜长石和橄榄石多而不含石英和正长石，部分该类岩石所含角闪石亦少；颜色深浅中等的岩浆岩，如安山岩、闪长岩含斜长石、角闪石为主，仅有部分的该类岩石含正长石、云母或辉石。

思考题

(1) 土壤成土母质中主要有哪些矿物、岩石？

(2) 如何识别土壤成土母质中的矿物、岩石？

实验 5　土壤剖面形态特征的观察

【实验目的】

土壤形态特征是土壤基本性状的外在表现，不同土壤具有不同的形态特征，所以它是认识土壤、田间区分不同土壤性质的重要依据，也是野外土壤剖面观察和描述不可缺少的内容。土壤外部形态特征主要包括：质地、颜色、结构、松紧度、湿度、新生体、侵入体，剖面构造等。观察和了解土壤的形态特征，对研究土壤、认识土壤和利用改良土壤等方面都有重要意义。

本实验可以在室内对土壤标本形态特征进行观察，或在室外对土壤剖面形态特征进行观察，以增加感性认识，为田间土壤剖面观察做好准备。

【实验设备及用品】

铁锹，土铲，剖面刀，放大镜，铅笔，钢卷尺，彩色铅笔（12 色），小刀，橡皮擦，白瓷比色板，土壤剖面记载本，盐酸，酸碱混合指示剂或 pH 试纸等。

【实验步骤】

（一）田间土壤剖面观察

在田间进行土壤剖面观察，首先要选择剖面点，挖掘土壤剖面，然后进行土壤形态特征的观察。

1. 土壤剖面观察点的选择和挖掘

土壤剖面的选择必须具有代表性，避开在道旁、沟边、肥堆及经过人为翻动或堆积的地方挖掘剖面和采取样品。为准确地鉴定某一土壤的农业性状，观察点的位置应能代表这一土壤所处地的特点（地形部位、地下水状况、地表沉积物特征和地表水文条件等的综合表现）和灌排条件及土地利用情况。

挖剖面时必须注意观察面上下垂直并向阳，表土、底土分别放在左右两边（埋坑时仍然是底土在下，表土在上，以免打乱土层）坑的前方，即观察面上方不要堆放挖出的土壤，也不要踩踏，以免破坏土壤自然状态。坑的后方挖成阶梯状，便于上下，工作方便，并且可以节省挖土量。在选择有代表性地点后，挖长约 2 m、宽 1 m、深 1～1.5 m 的土坑（如地下水位较高，达到地下水时即可），将朝阳的一面挖成垂直的坑壁，而与之相对的坑壁挖成每阶为 30～50 cm 的阶梯状，坑的长宽以工作方便为宜，坑的深度以需要来决定，如图 5-1。

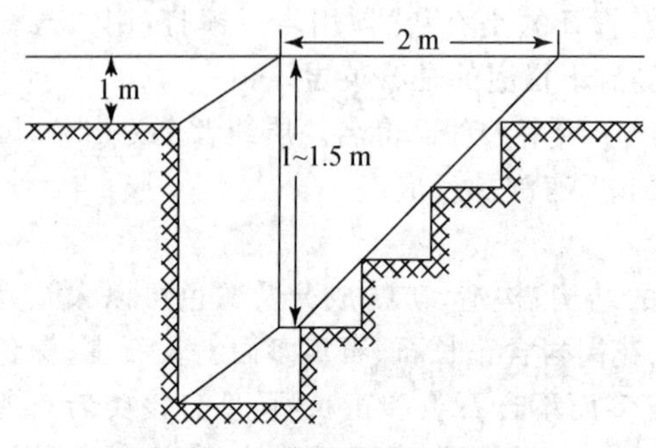

图 5-1　土壤剖面挖掘示意图

在挖剖面时要注意观察朝阳面，观察面上端不准堆土，也不准站人踩踏，以保持土壤的田间自然状况。挖出的土抛在土坑长边的两旁，表土与心土分别堆放；观察与记载结束后，必须将土坑先心土、后表土进行填平。

2. 土壤形态特征的观察和鉴定步骤

首先用剖面刀将挖好的土壤剖面的观察面自上而下地修成自然状态，根据剖面的主要形态特征(颜色、质地、结构、松紧度等),划分剖面层次,一般自然土壤按发生层划分土层;耕种土壤大体可分为耕作层、犁底层、心土层和底土层;水稻土划分为淹育层、渗育层、潴育层和潜育层。土体中有影响作物生长的障碍层次(如白浆层、潜育层、石灰结核层、黏盘层、铁盘层、砂砾层、盐碱层等)时,观察土壤剖面要注意障碍层次的深度、本身的厚度、形态特征及危害程度;并量出各层的厚度,然后逐层观察和鉴定土壤的颜色、质地,松紧,结构、湿度、孔隙状况、根系分布、新生体、侵入体和盐酸反应等。注意认真观察,准确描述,并记入表5-1:

表5-1 土壤剖面形态特征的观察记录

剖面深度/cm	颜色	质地	松紧度	结构	湿度	孔隙状况	根系分布	新生体侵入体	盐酸反应	pH

(二) 土壤形成因素的研究观察

① 气候资料的调查:主要内容包括当地的温度、降水量、蒸发量、霜期、风、水、旱、涝灾害等。

② 母质:直接由岩石风化而形成的残积物母质。要记载岩石的种类、风化程度及形态;如系冲积物、风积物等运积母质,则记载其种类、生成过程及其性状。

③ 地形:地形通常可分为山地、丘陵、河谷、冲积平原、盆地及洼地等。当了解地形时要记载地点、周围环境、地形的变化情况与土壤发育与分布的关系。

④ 侵蚀情况:在山区进行土壤调查与观察时更为重要,要详细记载侵蚀方式、程度、引起侵蚀的原因,如何采取防止措施。

⑤ 土壤的排水及灌溉情况:首先观察地表水的有无及其状况,地下水位深度、灌溉条件的有无,现有灌溉的系统及灌溉的可能性。其次要记载该地区的排水情况、排水系统等。

⑥ 植被情况:包括植物群落、生长情况、指示植物、造林状况。

⑦ 农业生产状况调查:包括农作物种类、产量、茬口安排、施肥情况、丰产经验及畜牧业的发展情况等。

(三) 土壤剖面的观察与记载方法

土壤剖面是土壤内在形态的外在表现,因此研究土壤的外部形态,也能了解土壤的性质及农业生产价值。在田间观察土壤时,除观察土壤的自然环境外,还要借助于土壤剖面的观察与分析来全面地了解土壤的一切特性。

1. 层次的划分与深度

首先站在剖面坑上大致观察,依据土壤的颜色、质地、结构、根系的分布情况,将剖面分成几层;然后再进入剖面坑内,详细观察,进一步确定层次;最后,用剖面刀将各层分别划出,于剖面记载表上分别记出各层起止深度。

(1) 土壤发生层次及其排列组合特征

土壤发生层次及其排列组合特征是长期而相对稳定的成土作用的产物。目前国际上大多采用O、A、E、B、C、D土层命名法。即O层:有机层;A层:腐殖质层;E层:淋溶层;B层:淀积层;C 层：母质层;D 层：基岩层。

此外，还有一些由上述有关土层构成的过渡土层，如 AE、EB 层等。若来自两种土层的物质互相交错，且可以明显区分出来，则以斜线分隔号“/”表示，如 E/B、B/C。

(2) 农业土壤剖面分层

农业土壤剖面一般分为四层：

① 耕作层：经多年耕翻、施肥、灌溉熟化而成，其颜色深、疏松、结构好，是作物根系集中分布的层次。一般深度在 15～20 cm，代号 A。

② 犁底层：长期受犁、畜、机械的挤压，土壤紧实，有一定的保水保肥作用，一般厚 6～8 cm。如果犁耕深度经常变化，或质地较粗的砂质旱地，该层往往不明显，代号 P。

③ 心土层：此层受上部土体压力而较紧实，耕作层养分随水下移淋溶到此层，受耕作影响不深，根系分布较少，厚度一般约为 20～30 cm，代号 B。

④ 底土层：位于心土层以下，不受耕作的影响，根系极少，保持着母质或自然土壤淀积层的原来面貌，还可能是水湿影响的潜育层，或冲积物形成的冲击层，代号 C。

土层划分之后，用钢卷尺从地表往下量取各层深度，单位为 cm，以与残落物接触的矿质土表为零点，分别向上、向下量得，并写出深度变幅。如：

O 层 4/6～0 cm；A 层 0～17/22 cm；B 层 17/22～34/36 cm。

2. 土壤颜色

土壤颜色是土壤最显著的特征之一，它是土壤内在特性的外部表现。有些土壤即以颜色命名，如黄土、红土、黑土等。通过颜色可以初步判断土壤的某些组成和性状，例如：

① 在北方土壤腐殖质含量越高，土壤颜色越深。大体上腐殖质含量达 1%左右便可以使土壤染灰，2%～3%则为深灰，高于 3%～5%则使土壤颜色更暗。在腐殖质含量相同的情况下，质地越粗，染色越明显。

② 土壤湿度越大时，土色越深。

③ $Fe_2O_3 \cdot nH_2O$ 使土壤呈黄色，失水后成红色或红棕色；在还原状态下，铁的化合物可以呈深蓝、深绿、灰蓝等颜色，铁的氧化物常常成胶体状态包被土粒，而使土壤染色（在这种情况下，颜色的深浅并不能代表其含量的多少）。

④ SiO_2、$CaCO_3$、NaCl、Na_2SO_4 等结晶或粉末，以及高岭石、石英、氧化铝、白云母等矿物多呈白色，含量多时则土色较浅。

在描述颜色时，主色在后，副色在前，并冠以深、暗、浅等词以形容颜色的深浅程度。例如，浅黄棕色，即以棕为主色，黄为副色。土壤颜色均以芒塞尔土壤比色卡表示，命名系统是用颜色的三属性，即色调、亮度和彩度来表示的：色调即土壤呈现的颜色；亮度指土壤颜色的相对亮度，把绝对黑定为 0，绝对白定为 10，由 0 到 10 逐渐变亮；彩度指颜色的浓淡程度，例如：5YR 5/6 表示色调为亮红棕色，亮度为 5，彩度为 6。并同时描述干色（指风干时）与润色（指在风干土上滴上水珠，待表面水膜消失后的颜色）。比色时应当注意：土块应是新鲜的断面，表面要平；光线要明亮，于野外不要在阳光下比色，在室内最好靠近窗口比色。

3. 干湿度

干湿度可分以下四级。

① 干：放在手中丝毫无凉的感觉，吹之尘土飞扬。土壤水分在凋萎系数以下（>15 bar）[①]。

② 润：放在手中有微凉感觉，吹之无尘土飞扬。土壤水分高于凋萎系数，低于田间持水量（0.33～15 bar）。

③ 潮：放在手中挤压，无水流出，但有湿印，能握成团状而不散。土壤水分高于田间持水量（0.01～0.03 bar）。

④ 湿：放在手中，微加挤压，水分即从土中流出。土壤空隙中充满水分（<0.01 bar）。

4. 土壤质地

我国一直采用苏联卡庆斯基制；但美国土壤系统分类及联合国土壤图中均采用美国制，因而美国制的分类流行颇广。

各种质地手测法基本步骤是：先眼看手摸，了解各种质地的土粒粗细、坷垃有无及其软硬情况，最好按先砂后黏，先干后湿的次序去摸；然后取少量土样，用适量水调湿（似黏手而不黏手时）放在手指间搓揉挤压，看其砂、黏、糙、滑等感觉和可塑成型（如小球、小条，小环等），及压成土片指纹是否明显等，来加以综合判断各种质地。手摸鉴定标准如下：

① 砂土：土壤较粗，较均匀，一般可直接肉眼判断土粒的大小。细砂土以上质地的土壤，其中的某些矿物成分隐约可辨，有的可见云母片反光，手感粗糙，无塑性，揉不成型。

② 砂壤土：砂性感觉强，显粗，有很微弱的塑性，可揉成小球，但球面不平，易碎。

③ 轻壤土：有少量干土块，易捏碎，略有塑性，可揉成粗约 3 mm 的小条，易断成小段。

④ 中壤土：干土块稍硬，塑性增加，可揉成小条，但弯成直径 2～3 mm 的小圆环时易断裂。

⑤ 重壤土：干土块增多、较硬，塑性明显，手感黏、滑，可揉成小条，弯成小圆环，将小圆环压扁时产生裂缝。

⑥ 黏土：干土块极硬，用手指难以压碎，湿摸时手感极黏、滑，可揉成小条，弯成小圆环，压扁时无裂缝，指纹明显。

5. 土壤松紧状况

野外鉴定时可根据土钻（或竹筷）入土的难易，进行大致划分，分级标准如下：

① 松：不加或稍加压力土钻即可入土。② 散：加压力时土钻能顺利入土。③ 紧：土钻要用力才能入土，取出稍困难。④ 极紧：需用大力土钻才能入土，取出很困难。

也可根据铁锹掘入土壤的难易进行大致划分：① 极紧实：用铁锹很难掘入土壤。② 紧实：用铁锹十分费力才能掘入土壤。③ 稍紧：用铁锹用力，才能入土。④ 稍松：铁锹易于入土。⑤ 极松：铁锹易入土，土壤松散。

在科研工作中，也可采用土壤紧实度仪测定。

6. 土壤结构

土壤结构是指土粒相互团聚或胶结而成的团聚体，是指在自然状态下经外力掰开，沿自然裂隙散碎呈不同形状和大小的单位个体。通常沿用苏联土壤学家查哈罗夫的长、宽、高三轴发展的

---

① 国际单位制压强（压力）的单位为帕斯卡（Pa）。不同单位间的换算关系如下：

1 Pa（帕）= 1 N/m^2；

1 标准大气压（atm）= 760 mmHg = 1.013×10^5 帕（Pa）；

1 mbar = 10^{-3} bar = 9.869×10^{-4} 标准大气压 = 0.07501 cmHg。

分类法。一般分为团粒状、核状、块状、棱柱状、柱状、碎块状、屑粒状、片状、鳞片状等(表 5-2)。

表 5-2　土壤结构类型及大小的区分

结构类型	形　状	结构单位	大小/mm
Ⅰ. 结构体沿长、宽、高三轴平衡发育	1. 块状：棱面不明显，形状不规则，界面与棱角不明显	大块状结构	直径＞100
		小块状结构	100～50
	2. 团块状：棱面不明显，形状不规则，略呈圆形，表面不平	大团块状结构	50～30
		团块状结构	30～10
		小团块状结构	＜10
	3. 核状：形状大致规则，界面较平滑，棱角明显	大核状结构	直径＞10
		核状结构	10～7
		小核状结构	7～5
	4. 粒状：形状大致规则，有时呈圆形	大粒状结构	5～3
		粒状结构	3～1
		小粒状结构	1～0.5
Ⅱ. 结构体沿垂直轴发育	5. 柱状：形状规则，具明显的光滑垂直侧面，横断面形状不规则	大柱状结构	＞50
		柱状结构	50～30
		小柱状结构	＜30
	6. 棱柱状：表面平整光滑，棱角尖锐，横断面略呈角形。	大棱柱状结构	＞50
		棱柱状结构	50～30
		小棱柱状结构	＜30
Ⅲ. 结构体沿水平轴发育	7. 片状：有水平发育的节理平面		厚度：
		板状结构	＞5
		片状结构	＜3
	8. 鳞片状：结构体小、局部有弯曲的节理平面	鳞片状结构	
	9. 透镜状：结构上下部均为球面	透镜状结构	

土壤结构大小和形状不同，所反映的生产性状亦不同。野外观察土壤结构应以土壤湿度较小时为准。观察时用手轻捏土块，使之自然破碎，根据土体形态判断土壤结构的类型。观察时应注意结构的大小、形状、硬度、内外颜色及有无胶膜、锈纹、锈斑等。在非单一结构的土层中，应注意主次结构类型的分布特点。

常见的耕层土壤结构有团粒结构、块状、板结和结皮；犁底层有片状结构；底土层有核状、柱状和棱柱状等结构。

团粒结构是农业土壤最有利的结构，近似圆形，无棱角，以直径大小为 1～3 mm 者为好，多出现在熟化程度较高的壤质以上的土壤中。

块状(坷垃)、板结和结皮是农业生产上不良的土壤结构。坷垃多是因耕作不当而引起，大小在直径 4 mm 以上时，即有压苗跑墒之害。质地黏重、腐殖质含量少的土壤，形成的坷垃坚硬有棱角，不易散碎，常称为“生坷垃”；反之为“熟坷垃”，容易通过耕作等措施使之散碎。坷垃的为害程度取决于它的大小和数量。

板结和结皮多在灌溉或降雨之后出现，潮湿而黏重的土壤因脱水干燥而使地表龟裂，质地黏重程度和干燥快慢，影响龟裂的厚度和宽度，厚度＞5～10 mm 者称板结，＜5 mm 者称结皮。底土层的核状、柱状和棱状结构是不稳定的，往往遇水膨胀而变得不明显，脱水干燥后又出现。生产上要注意创造团粒结构，消除其他不良结构。

7. 土壤孔隙状况

一般在土壤剖面各土层中，细小孔不易观察记录，但若看到某些较大的孔隙，如根孔或动物造成的孔，需要如实记录下来，因为这些孔洞会对土壤透水、排水有较大影响，不容忽视。

8. 植物根系分布

以各层土壤中根量的多、中、少表示。

① 多量：根系交织，为 10 条/cm^2 以上。

② 中量：土层中根系适中，为 5 条/cm^2 以上。

③ 少量：土层中根系稀疏，为 1～2 条/cm^2。

④ 无根系：土层中没有根系。

9. 新生体和侵入体

新生体是土壤形成过程中的产物，其形态突出，易与土体分离，它反映了一定的成土条件和土壤特征。常见的新生体有石灰结核、铁锰结核、锈斑、锈纹、假菌丝体等。

新生体和侵入体大量存在时，能影响土壤耕作和种植，应设法除去。

侵入体是指机械混入土壤中，不参与成土过程的物质，如石块、砖瓦片、铁木屑、贝壳、炉渣等。它反映了人为因素影响的强度。观察时应注意侵入体的种类、数量及出现的部位，借以了解侵入体的来源和成土环境。

10. 石灰反应

石灰反应是指石灰性土壤遇盐酸生成 $CaCl_2$ 和 CO_2 的反应。如果在石灰含量高的土壤上施用磷肥，磷往往会被固定，影响磷肥的效果。测定方法是先用手把土捏实，用 10%的盐酸滴在土粒上，如有气泡产生，表示土壤含石灰质。根据气泡产生的强弱，可分为四级：

表 5-3　土壤石灰反应强弱分级

反应程度	反应特征	石灰质大约含量	表示符号
无	无气泡，无响声	0	—
微	有小气泡慢慢放出，响声很小	＜1%	+
中	有明显气泡产生，很快消失，有明显响声	1～5%	++
强	气泡强烈产生，呈沸腾状，历时长，响声大	＞6%	+++

11. 酸碱度

野外用混合指示剂比色法或 pH 试纸测定。

pH＜5.5 为酸性，5.5～6.5 为微酸性，6.5～7.5 中性，7.5～8.5 微碱性，＞8.5 碱性。

思考题

(1) 如何正确挖掘土壤剖面？

(2) 如何修理和描述土壤剖面？

实验6　土壤密度的测定(密度瓶法)

【实验目的】

土壤密度是指单位体积土壤固体物质的质量(不包括土壤空气和水分)与同体积水的质量之比;通过计算,可以由土壤密度计算土壤的孔隙度。

【实验设备及用品】

密度瓶(50 mL),天平,皮头滴管,烧杯,热源(如砂浴或电热板)。

【实验原理】

将已知质量的土壤样品放入蒸馏水中,加热完全除去空气后,求出由土壤固相代换出的液体(水)的体积,以烘干土的质量(105℃)除以体积,即得土壤密度。

【实验步骤】

① 称取土样约 5.000 g,装入铝盒,于烘箱中 105℃烘至恒定,称量,计算吸湿水含量。

② 称取已过 1 mm 筛的风干土样约 10.000 g,根据计算出的吸湿水含量将风干土样的质量换算成烘干土的质量(m_s)。通过小漏斗将土样装入密度瓶中。

③ 沿密度瓶壁慢慢注入水,水和土的体积占瓶的 1/3～1/2 为宜。缓缓摇动密度瓶,使土粒充分浸润。将密度瓶放在电热板或砂浴上加热,从沸腾时算起 5～7 min。煮沸过程中应不断摇动密度瓶,以彻底地排除土粒及水中的空气。煮沸结束后,用冷却的无气水(蒸馏水煮沸后冷却而得)沿瓶壁徐徐加入至瓶颈,用手指轻轻敲打瓶壁,使残留土中的空气逸尽,并使黏附在瓶壁的土粒沉入瓶底(若液面飘浮有泡沫,可用细铁丝稍微搅动浮沫,使悬浮在液面的细土粒或细根旋入液中)。

静置冷却,加水至瓶口,塞上毛细管孔塞子,瓶中多余的水即从毛细管孔中溢出,速用干滤纸擦去毛细管塞子顶端溢出的水珠及瓶外壁的水渍,立即称量,即瓶、水、土的质量之和(m_{sw});

④ 拔出塞子,测定水温。将密度瓶中土液倒出,洗净密度瓶,注满冷却的无气水,塞上毛细管塞,擦干瓶外壁,称量,即瓶、水的质量之和(m_w)。

若测定的土壤含水溶盐或较多的活性胶体时,土样应先在 105℃烘干,并用非极性液体代替水,用真空抽气法驱逐土样及液体中的空气。抽气过程要保持接近 1 个大气压①的负压,经常摇动密度瓶,直至无气泡逸出为止,其余步骤同上。

【结果与分析】

$$土壤密度\ d=\frac{烘干土质量}{土壤排开水的体积}=\frac{d_w\times m_s}{m_w+m_s-m_{sw}}$$

式中,d:土壤密度,g/cm^3;d_w:该温度下水的密度(表 6-1),g/cm^3;m_s:装入密度瓶的土壤烘干后的质量,g;m_{sw}:装入土壤和水的密度瓶的质量,g;m_w:装满水的密度瓶质量,g。

式中的烘干土质量,可由测定时称得的铝盒(m_0)、铝盒＋风干土的质量(m_1)求得,通过烘干

① 标准大气压(atm)＝1.01325×10^5 帕(Pa),1 Pa＝1 N/m^2。

后铝盒＋烘干土的质量(m_2)求得风干土吸湿水含量，再将风干土折算为烘干土的质量。

$$风干土吸湿水含量=\frac{吸湿水质量}{风干土质量}\times100\%=\frac{m_1-m_2}{m_1-m_0}\times100\%$$

$$烘干土质量(g)=风干土质量(g)\times(1-风干土吸湿水含量)$$

表 6-1　不同温度下水的密度

温度/℃	密度/(g·cm^{-3})	温度/℃	密度/(g·cm^{-3})	温度/℃	密度/(g·cm^{-3})
8.5～9.5	0.9998	21.5	0.9979	31	0.9954
10～10.5	0.9997	22	0.9978	31.5	0.9952
11～11.5	0.9996	22.5	0.9977	32	0.9951
12～12.5	0.9995	23	0.9976	32.5	0.9949
13	0.9994	23.5	0.9974	33	0.9947
13.5～14	0.9993	24	0.9973	33.5	0.9946
14.5	0.9992	24.5	0.9972	34	0.9944
15	0.9991	25	0.9971	34.5	0.9942
15.5～16	0.9990	25.5	0.9969	35	0.9941
16.5	0.9989	26	0.9968	35.5	0.9939
17	0.9988	26.5	0.9967	36	0.9937
17.5	0.9987	27	0.9965	36.5	0.9935
18	0.9986	27.5	0.9964	37	0.9934
18.5	0.9985	28	0.9963	37.5	0.9932
19	0.9984	28.5	0.9961	38	0.9930
19.5	0.9983	29	0.9960	38.5	0.9928
20	0.9982	29.5	0.9958	39	0.9926
20.5	0.9981	30	0.9957	39.5	0.9924
21	0.9980	30.5	0.9955	40	0.9922

思　考　题

(1) 在测定土壤密度时，为什么密度瓶中要加煮沸过的蒸馏水，而不直接加入普通蒸馏水？

(2) 土壤密度和土壤容重有何区别？又有什么联系？

实验 7　土壤容重和孔隙度的测定(环刀法)

【实验目的】

土壤容重是用来表示单位原状土壤固体的质量,是衡量土壤松紧状况的指标。容重大小是土壤质地、结构、孔隙等物理性状的综合反映,因此,容重和土壤松紧、孔隙度有密切关系。测定土壤容重可以反映土壤的松紧状况,并为计算土壤孔隙度提供必要的数据。土壤容重也是计算单位面积上一定深度的土壤质量和计算土壤水分、养分含量必不可少的数据。

土壤孔隙性是土壤的重要物理性质之一。单位体积的土壤中孔隙所占的百分数称为土壤总孔隙度。土壤总孔隙度包括毛管孔隙和非毛管孔隙,孔隙度是量度土壤孔隙多少的指标。土壤孔隙度一般不直接测定,而是由土壤密度和容重计算得来的。

测定土壤容重的方法有环刀法、蜡封法、水银排出法、填砂法、γ-射线法等。蜡封法和水银排出法主要测定一些呈不规则形状的黏性土块或坚硬易碎土壤的容重。填砂法比较复杂又费时,除非是石质土壤,一般大量测定都不采用此法。γ-射线法需要特殊仪器和防护设施,不易广泛应用。因此我们介绍的是常用的环刀法,此法操作简便,结果比较准确,能反映田间实际情况。

【实验设备及用品】

① 环刀:用无缝钢管制成,一端有刃口,便于压入土中。环刀容积一般为 100 cm^3。刃口一端的内径为 5.04 cm,无刃口一端的内径比刃口一端略大 1 mm,高为 5.01 cm。

② 钢制环刀托:上有两个小孔,在环刀采样时,空气由此排出。

③ 削土小刀(刀口要平直),小铁铲,木锤,十分之一天平。

【实验原理】

利用一定容积的环刀切割未搅动的自然状态的土壤,使土样充满其中,烘干称量后计算单位体积烘干土的质量,即容重。本法适用于一般土壤,对坚硬和易碎的土壤不适用。

【实验步骤】

1. 采样

采样前,事先在各环刀的内壁均匀地涂上一层薄薄的凡士林,逐个称取环刀质量(G),称准至 0.1 g。选择好土壤剖面后,按土壤剖面层次,自上而下用环刀在每层的中部采样。先用铁铲刨平采样层的土面,将环刀托套在环刀无刃口的一端,环刀刃口朝下,用力均衡地压环刀托把,将环刀垂直压入土中(切勿左右摇晃和倾斜,以免改变土壤的原来状况)。

如土壤较硬,环刀不易插入土中时,可用木锤轻轻敲打环刀托把,待整个环刀全部压入土中,且土面即将触及环刀托的顶部(可由环刀托盖上之小孔窥见)时,用铁铲把环刀周围土壤挖去,在环刀下方切断,并使其下方留有一些多余的土壤。然后用小刀削平环刀两端的土壤,使土壤容积一定。

在操作过程中,如发现环刀内土壤亏缺或松动,应弃掉重取。

2. 土壤容重的测定

将土壤全部转入已知质量的铝盒中,放入 105℃ 烘箱中烘至恒定,重复 3～5 次,取平均值。

(如果兼测土壤含水量,则烘前应称湿土的质量)。

3. 土壤孔隙度的测定(计算法)

土壤孔隙度也称孔度,指单位容积土壤中孔隙容积所占的分数或百分数。一般来说,粗质地土壤孔隙度较低,但粗孔隙较多,细质地土壤正好相反。团聚较好的土壤和松散的土壤(容重较低)孔隙度较高,前者粗细孔的比例较适合作物的生长。土粒分散和紧实的土壤,孔隙度低且细孔隙较多。土壤孔隙度一般都不直接测定,而是由土粒密度和容重计算求得。

【结果与分析】

1. 土壤容重的测定

$$\text{土壤容重 } d_a = \frac{\text{烘干土的质量}}{\text{土壤体积}} = \frac{m}{V} = \frac{m}{100}$$

式中,d_a:为土壤容重,g/cm^3;m:为烘干土的质量,g;V:为环刀体积,通常为 $100\ cm^3$。

2. 土壤孔隙度的测定(计算法)

$$\text{土壤总孔隙度 } P_1 = \frac{\text{土壤容重}}{\text{土壤密度}} \times 100\% = \frac{d_a}{d} \times 100\%$$

土壤毛管孔隙度 P_2 = 土壤田间持水量 × 土壤容重 d_a

土壤毛管孔隙度 P_3 = 土壤总孔隙度 − 土壤毛管孔隙度 = $P_1 - P_2$

思 考 题

(1) 什么是土壤容重和孔隙度?二者是什么关系?

(2) 土壤容重和孔隙度与土壤物理性状有哪些关系?

实验8　土壤含水量、田间持水量、饱和持水量和土水势的测定

【实验目的】

土壤水分含量的多少，直接影响土壤的固、液、气三相比例，以及土壤的适耕性和作物的生长发育。在栽培作物时，需经常了解田间含水量等土壤水分状况，以便适时灌排，利于耕作，保证作物生长对水分的需求，达到高产丰收。

一、土壤含水量的测定(烘干法)

【实验原理】

土壤水分大致分为化学结合水、吸湿水和自由水三类。自由水是可供作物利用的水分；吸湿水是土粒表面由于分子力作用所吸附的单分子水量，只有当其转变为气态时才能摆脱土粒表面分子力的吸附；化学结合水只有在600～700℃的条件下才能脱离土粒。

在进行土壤物理化学性质分析时，需要在105℃下烘干，测定风干土样吸湿水的含量，并以烘干土样质量作为相对统一的计算基础。这是因为土壤理化常规按烘干样品质量计算分析结果，这样就可以使整个分析结果有一个合理的相对数值。

1. 烘干法

将风干土样放在105～110℃烘箱中烘至恒定。失去的质量即为水分质量。在此温度下，土壤吸湿水可被蒸发；而化学结合水则不致被破坏，一般土壤有机质也不致分解。

2. 红外线法

本方法是将样品放在红外线灯下，利用红外线照射的热能，使样品中水分蒸发，迅速烘干，以测定含水量，此法快速简便。

3. 酒精燃烧法

本方法主要利用酒精在样品中燃烧，使水分迅速蒸发干燥，酒精燃烧时，火焰距土面2～3 cm，样品温度约70～80℃，当火焰将熄灭前的几秒，火焰下降，土温迅速上升到180～200℃，然后很快下降至85～90℃，缓缓冷却。由于高温时间短，样品中的有机质及盐类损失甚微(有机质含量高于5%的样品不适于此法)。

此法测定土壤含水量，全过程只需约20 min，这种快速测定法，很适合于田间测定。

【实验设备及用品】

烘箱，红外线灯或红外线干燥箱，万分之一分析天平，铝盒。

【实验步骤】

1. 烘干法

称取风干样约5 g，放入已知质量的铝盒(m)中，在分析天平上称取其质量m_1；放入烘箱中，敞开盒盖，在105±2℃下烘干6～8 h，取出后加盖。放在干燥器中冷却至室温(约需30 min)，立即称取质量m_2。必要时重复烘干2～3 h，冷却后称量，直至前后两次称量之差不超过3 mg，即为

恒定。

2. 红外线法

① 将红外线灯固定在铁架上，下面垫一块石棉板，红外线灯中心距石棉板 5～10 cm。(如果有红外线干燥箱，可省去此步骤。)

② 称样品约 5 g(精确到 0.01 g)，置入已知质量的铝盒中，摊成薄层，放在石棉板上红外线灯照射的中心(或直接置于红外线干燥箱中)。每个红外线灯下可放 4～6 个土壤样品。

③ 对于含有机质少的样品，照射 7～10 min 即可，冷却称至恒定，计算水分含量。对于有机质含量多的样品，应缩短照射时间，一般 3～7 min 即可。若时间太长，较高的温度会引起有机质的碳化，造成实验误差。

3. 酒精燃烧法

① 取样品 3～5 g(精确到 0.01 g)，放入已知质量的铝盒中。

② 向铝盒中滴加酒精，直到土面全部浸没即可。

③ 将铝盒在桌面上敲击几次，使样品均匀分布于铝盒中，使样品易被酒精浸透。

④ 点燃酒精，需数分钟后熄灭，待样品冷却后再加 1.5～2 mL 酒精，进行第二次燃烧。一般情况下，样品须 3～4 次燃烧即可达到恒定。然后称量，精确到 0.01 g。

【结果与分析】

烘干法、红外线法和酒精燃烧法都可采用下列公式计算土壤水分和烘干土质量。

(1) 以烘干土为基数的水分百分数：

$$\text{土壤水分含量}=\frac{m_1-m_2}{m_2-m}\times 100\%$$

(2) 以风干土为基数的水分百分数：

$$\text{土壤水分含量}=\frac{m_1-m_2}{m_1-m}\times 100\%$$

(3) 将风干土质量换成烘干土质量时为：

$$\text{烘干土质量/g}=\frac{\text{风干土质量}}{1+\text{土壤含水率(烘干基)}}$$

若含水量为风干基，则：烘干土质量＝风干土质量×[1－土壤含水量(风干基)]

二、田间持水量的测定(室内测定，威尔科克斯法)

【实验原理】

土壤在灌水或降雨后所能保持毛管悬着水的最大量称为田间持水量。此时土壤中含有全部紧结合水和松结合水，在有结构土壤中包括团聚体内和团聚体间的毛管悬着水。在萎蔫系数以上、田间持水量以下的土壤水分对植物虽是有效的，但有效程度不同。一般常用占田间持水量的百分数来表示土壤含水量，这样就比较容易了解此时的土壤含水量对植物的有效程度。

田间持水量一般都直接在田间用围框淹灌法测定。田间测定有困难时，亦可采取原状土样在室内用威尔科克斯(Wilcox)法测定，其结果常比田间实测值小 2%～3%，然其方法远较田间测定简便，故仍被采用。此外，亦有以土壤水吸力为 30 kPa(0.3 bar)时的土壤含水量代替田间持水量，但仍以田间测定为准。

在实验中，通常在土壤表层灌水，使其达到饱和，然后等所有自由重力水下渗后，所遗留在土壤中的水分即为田间持水量。注意，在此过程中必须防止土表水分的蒸发。

【实验设备及用品】

百分之一天平，环刀(100 cm^3)，土壤筛(1 mm)，烘箱，铝盒，干燥器，滤纸，砖头等。

【实验步骤】

① 用环刀在野外采原状土(环刀用法参见“实验 7”)，带回室内，上下垫上滤纸，放水中饱和1昼夜(水面较环刀上缘低1～2 mm，勿使环刀上面淹水)。

② 同时，将在相同土层中采集、风干并通过1 mm 筛孔的土样装入另一环刀中。装土时要轻拍击实，并稍微装满些。

③ 将装有已被水饱和的湿土的环刀底盖(有孔的盖子)打开，连同滤纸一起放在装风干土的环刀上。为使接触紧密，可用砖头压实(一对环刀用三块砖压)。

④ 经过8 h 吸水过程后，从上面环刀(盛原状土)中取土15～20 g，放入已知质量(m_0)的铝盒，立即称量(m_1)。然后放入105℃烘箱中烘干，称量(m_2)，计算其含水量。此值即接近于该土壤的田间持水量。

本试验须进行2～3次平行测定，重复间允许误差±1%，取算术平均值。

【结果与分析】

$$田间持水量=\frac{水分质量}{烘干土质量}\times 100\%=\frac{m_1-m_2}{m_2-m_0}\times 100\%$$

式中，m_0：铝盒质量，g；m_1：铝盒+饱和土质量，g；m_2：铝盒+烘干土质量，g。

三、饱和持水量的测定

【实验原理】

当所有孔隙充满水时，土壤中所能保持的全部水分称为饱和持水量(全持水量)，它包括了土壤中所有类型的水分。只有地下水上升或表面淹水的情况下，土壤才会出现这种情况。土壤在达到全持水量时，对植物是有害的，它造成了嫌气条件。

【实验设备及用品】

环刀(100 cm^3)，削土小刀(刀口要平直)，小铁铲，木锤，纱布，大烧杯，天平。

【实验步骤】

① 利用环刀自野外采取自然状态的土样，连同土样一起放在盛水的大烧杯中或水槽中，使水面与环刀内的土面保持同一高度，放置24 h，直至土壤表面出现水为止。

② 取出环刀，迅速擦去外部附着的水，将环刀中土样倒出，仔细混合，取出一部分均匀土样10～20 g，放入已知质量 m_0 的铝盒，称量 m_1。然后放入105℃烘箱中烘干，称量 m_2，计算其含水量，此值即为该土壤的饱和持水量。

【结果与分析】

同“田间持水量的测定”。

四、土壤土水势(水吸力)的测定(张力计法)

【实验原理】

土壤吸持水分的各种力统称为土壤水吸力。它表示土壤水在承受一定吸力的情况下所处的能态。运用土壤水吸力，可以更好地反映土壤水分对于植物的有效性，而不受土壤差异的影响。因此，用土壤水吸力来指示灌溉排水比用土壤含水量更能反映土壤水分的有效程度。

测定土壤水吸力的方法很多，有张力计法、压力膜法、水柱平衡法、离心法等。张力计法虽然只能测定<0.85 bar的吸力值，但因其能直接在田间定点测量土壤水分的能量状况，并可用来指示作物的丰产灌溉，所以得到相当广泛的应用。

【实验原理】

土壤张力计由陶土管、真空表和集气管几部分组成。陶土管是仪器的感应部件，具有许多细小而均匀的孔隙，它能透过水及溶质，但不能透过土粒及空气。真空表是张力计的指示部件，一般用汞柱或真空表来指示负压值。集气管作用在于收集仪器里面的空气。

测定时，将充满水分并密封的张力计插入土中，根据土壤水分状况的不同，真空表便指示出相应的数值。一般有以下几种情况：

① 陶土管周围土壤水分没有达到饱和时，土壤具有吸水能力，将仪器中的水分从陶土管中吸出，使仪器内产生一定的真空度，真空表指示出负压力，直到土壤吸水力与仪器中负压力相等为止。此时，真空表指示的负压力等于土壤水吸力。

② 土壤水分饱和时，土壤水吸力为零，真空表指示为零。

③ 土壤水分过饱和或陶土管在地下水以下时，仪器指示出正压力。根据土壤中出现正压力的部位，可算出临时渍水或地下水的深度。

当忽略了重力势、温度势和溶质势，又因为土壤水的压力势远远小于大气压，可忽略不计，而仪器内无基质(土壤)，故基质势为零，这时土壤中水的基质势可由仪器所示的压力(差)来量度。

土壤水的吸力与土壤水的基质势在数值上是相等的，只是符号相反。一般情况下以土壤水基质势为负值，土壤水吸力为正值。

土壤张力计只能测定0.85 bar以下的土壤水吸力，也就是比较湿润的土壤湿度范围。

通过本实验可以了解土壤水吸力的测定原理，初步学会土壤张力计的安装和测定方法。

【实验设备及用品】

张力计，开孔土钻(直径略<陶土管的直径)，刮土刀，注射器，大号注射针。

【实验步骤】

(1) 测定前的准备工作

土壤张力计在使用前必须进行排气。排气的方法是：将集气管的盖子打开，并使仪器倾斜，徐徐注入煮沸后冷却的无气水，此时可见到陶土管上有水珠出现，说明管道畅通。如果发现水不容易注入，可用细铁丝疏通，直至整个仪器中充满水为止。塞上装有大号注射针的胶塞，然后进行抽气，真空表的指针可升至0.6 bar或更高。轻轻振动仪器，在真空表、陶土管和连接管中会有气泡逸出。待气泡集中到集气管后，将陶土管浸入无气水中，使仪器指针恢复到零。取出陶土管继续抽气，按上述步骤反复数次，真空表的指针可达0.85 bar以上，最后没有发现小气泡聚集到集气管中，说明仪器系统内空气已经除尽，可供使用。

(2) 仪器的安装和观测

在需要测定的田块中选择有代表性的点，用直径与陶土管相同的薄壁金属管(或土钻)开孔至待测深度，然后将仪器插入孔中。为了使陶土管与土壤接触紧密，开孔后可撒入少量碎土于孔底，并灌水少许，然后插入仪器，再用细土填入空隙中，并将仪器上下移动几次，使陶土管与周围的土壤紧密接触，最后再填上其余的土壤。

仪器安装好以后，可在周围作适当的保护，但应注意不要过多地扰动与踏实附近的土壤，以免影响测定结果的可靠性。

仪器装好以后，一般需经 0.5～24 h 才能与土壤吸力达到平衡。平衡之后，便可进行观测读数。平衡时间的长短，不仅取决于陶土管的导水率，也取决于土壤的导水率。为了避免温度造成的误读数，可轻轻敲打真空表，以消除读数盘内的摩擦力，使指针指到应有的刻度。一般读数应在早晨 6～7 点进行，以免土壤温度和仪器温度有过大的差异。需作定点观察时，不要改变仪器的位置。仪器在使用期间需作定期检查，主要是排除仪器中过量的空气，如果发现集气管中空气的容量在 2 mL 以上时，应重新充水排气；当温度降至冰点时，要将仪器撤回，以免冻坏。

【结果与分析】

1. 零位校正

埋藏在土中的陶土管和地面真空表之间有一段距离，在仪器充水的情况下陶土管便产生一个静水压力。真空表的读数实际上包括了这一静水压力在内。因此，要准确地测出陶土管所处深度的土壤吸力，就需消除这一静水压力，也就是作零位校正。

由于真空表本身可能存在一定误差，因此，可用实测的方法测量零位校正值。方法是：将已除过气的张力计垂直浸入水中，使水面位于陶土管中部，此时真空表的读数即为零位校正值。用测量值减去零位校正值，即为测定点的土壤实际吸力。

2. 结果计算

土壤水吸力(mbar)＝真空表的读数－零位校正值

土壤水势(mbar)＝－(真空表的读数－零位校正值)

一般在测量表层土壤吸力时，因仪器较短，零位校正值很小，可忽略不计。

【注意事项】

① 土壤水吸力与土壤含水量之间并非一单值函数，用张力计测量的吸力值换算土壤含水量时存在一定的误差。因此，用张力计法只能粗略地估算土壤含水量。

② 土壤张力计的测量范围为 0～0.85 bar，与作物凋萎时的吸力值 15 bar 相比，测量范围较小，一般仅适合于比较湿润的土壤。如果需要测量的范围超过 0.85 bar 时，可选用其他测定方法。

思考题

(1) 烘干土壤样品时，其温度低于 105℃或高于 110℃，对实验结果有什么影响？为什么？

(2) 什么是土壤水势？其正负值有何物理意义？

(3) 田间持水量与饱和持水量有何区别和联系？

实验9　土壤有机质含量的测定

【实验目的】

土壤有机质对土壤肥力具有重大意义，它不仅含有植物所需要的各种营养元素（特别是氮、磷的主要来源）和刺激植物生长的胡敏酸类（humilic acid，又称褐腐酸——土壤中只溶于稀碱而不溶于稀酸的棕至暗褐色的腐殖酸）物质。由于它具有胶体特性，吸附较多的阳离子，因而使土壤具有保肥性和缓冲性，还使土壤疏松，形成良好的土壤结构。有机质的存在改善了土壤的理化性状，有利于土壤中水、肥、气、热关系的调节，同时也是土壤中异养微生物能源物质。因此，土壤有机质含量的多少，是土壤肥力高低的重要指标。

黑龙江省的土壤有机质含量在全国是最高的，一般为2%～5%，高的可达7%～8%，低的也在1%左右。而有的省份的土壤有机质含量偏低，比如，甘肃省土壤有机质含量远低于全国平均水平。

土壤有机质和土壤全氮含量之间有较好的相关性。一般土壤有机质约含氮5%，因此可以从有机质的结果来估算土壤全氮的近似含量：

$$\omega(\text{土壤全氮})=\omega(\text{土壤有机质})\times 0.05$$

$$\omega(\text{土壤有机质})=\omega(\text{土壤全氮})\times 20$$

土壤有机质含量的测定，通常是通过测定土壤中有机碳的含量计算求得，将所测得的有机碳乘以换算因数1.724（按有机质含碳58%计算）即为有机质总量。但这只是个近似数值，因为土壤中各种有机质的含碳量不完全一致。

土壤有机质的测定方法很多，但基本上分两类：一类是干烧法，通过测定高温灼烧后所产生的 CO_2 进行定量。此法需要特殊的设备，操作技术要求比较严格，费时间，重现性差，因此，一般不作例行分析用。另一类是湿烧法。在湿烧法中，以重铬酸钾-浓硫酸氧化法应用最为普遍，此法设备简单、操作容易、快速，重现性较好，适用于大量样品的分析。

本实验主要掌握重铬酸钾容量法——外加热法对土壤有机质含量的测定。

【实验原理】

在加热恒温的条件下（170～180℃，沸腾5 min），用一定量的标准重铬酸钾-浓硫酸溶液，氧化土壤有机质中的碳，多余的重铬酸钾用标准的硫酸亚铁溶液滴定。由所消耗的重铬酸钾量，即可计算出有机碳的含量，再乘以常数1.724，即为土壤有机质的量。本法因只能氧化90%的有机碳，所以结果还必须乘以校正系数1.1。其反应式为

$$2K_2Cr_2O_7+8H_2SO_4+3C \longrightarrow 2K_2SO_4+2Cr_2(SO_4)_3+3CO_2\uparrow+8H_2O$$

$$K_2Cr_2O_7+6FeSO_4+7H_2SO_4 \longrightarrow K_2SO_4+Cr_2(SO_4)_3+3Fe_2(SO_4)_3+7H_2O$$

土壤中如有 Cl^- 和 Fe^{2+} 存在，由于也能被重铬酸钾的硫酸溶液氧化，因而会引入误差。通常加入少量 Ag_2SO_4，使 Cl^- 形成 AgCl 沉淀而除去，此时校正系数应改为乘以1.04，而不用1.1。其反应过程为

$$Cr_2O_7^{2-}+6\,Cl^-+14H^+ \longrightarrow 2Cr^{3+}+3Cl_2\uparrow+7H_2O$$

$$Cl^- + Ag^+ \longrightarrow AgCl\downarrow$$

消除 Fe^{2+} 的干扰，可将土样摊成薄层，在室内通风处风干数日。使全部 Fe^{2+} 氧化为 Fe^{3+} 后再进行测定。

【实验设备及用品】

(1) 实验所需仪器

万分之一电子天平，滴定管，砂浴，300℃温度计。

(2) 试剂配制

① 0.8 mol/L(1/6 $K_2Cr_2O_7$)重铬酸钾标准溶液：称取 $K_2Cr_2O_7$ 40 g，溶于 1 L 蒸馏水中，必要时可加热溶解。然后用标准的 0.2 mol/L $FeSO_4$ 溶液标定。也可以精确称取优级 $K_2Cr_2O_7$，溶解，定容，直接配成准确浓度的溶液。

标定：吸取 5.00 mL 重铬酸钾溶液，放入三角瓶中，再准确加入密度为 1.84 g/cm^3 浓硫酸 5.00 mL，加蒸馏水 50 mL，邻菲罗啉指示剂 2 滴，然后用标准的 0.2 mol/L $FeSO_4$ 溶液滴定至突变为褐红色，即为终点。通过计算，可得重铬酸钾的标准浓度。

② 0.2 mol/L 硫酸亚铁标准溶液：称取 $FeSO_4 \cdot 7H_2O$ 56 g 或 $(NH_4)_2SO_4 \cdot FeSO_4 \cdot 6H_2O$ 80 g 溶于 60 mL 3 mol/L H_2SO_4 中，然后加水至 1L，混匀后贮于棕色玻塞瓶中。此液浓度容易改变，必须每天用标准的 0.1000 mol/L(1/6 $K_2Cr_2O_7$) $K_2Cr_2O_7$ 溶液标定。

③ 0.1000 mol/L(1/6 $K_2Cr_2O_7$)$K_2Cr_2O_7$ 标准溶液：精确称取经 105℃烘干过的分析纯重铬酸钾 1.2259 g，放入烧杯中，加少量蒸馏水溶解，转入 250 mL 容量瓶中，加蒸馏水使体积达 200 mL，加浓硫酸 14 mL，再稀释至刻度。

④ 指示剂的配制。

a. 邻菲罗啉指示剂：称取 $FeSO_4 \cdot 7H_2O$ 0.70 g 和邻菲罗啉($C_{12}H_8N_2$) 1.49 g 溶于 100 mL 水中，此时试剂与 $FeSO_4$ 形成红棕色络合物，即$[Fe(C_{12}H_8N_2)_3]^{2+}$。贮于棕色瓶内备用。

b. 2-羧基代二苯胺(亦称邻氨基苯甲酸)指示剂：称取指示剂 0.25 g，在小研钵中研细，然后转入 100 mL 烧杯中，加入 0.1 mol/L NaOH 溶液 12 mL，并用少许蒸馏水将研钵中残留的试剂冲洗入 100 mL 烧杯中，将烧杯置于水浴上加热，使其尽量溶解，冷却后定容于 250 mL 容量瓶中。放置澄清或过滤，用其清液。

⑤ 浓硫酸(密度 1.84 g/cm^3)。

⑥ 85%磷酸溶液：工业品，供磷酸浴用。也可用植物油、石蜡或砂浴取代。

【实验步骤】

① 准确称取过 60 号筛(0.25 mm)的风干土样 0.1000～0.5000 g(有机质含量高于 5%，称样 0.1 g；有机质含量为 2%～4%，称样 0.3 g；低于 2%时，称样 0.5 g)，放入 250 mL 三角瓶底部，用滴定管准确加入 0.8 mol/L(1/6 $K_2Cr_2O_7$)重铬酸钾标准溶液 5.00 mL，再用注射器注入 5 mL 浓硫酸，小心摇匀。

② 在三角瓶口上加一小漏斗，以冷凝加热时逸出的水汽。然后将三角瓶置于事先预热至 180℃的砂浴上，当瓶内液体沸腾或有大气泡发生时开始计时，严格控制微沸 5 min。

③ 取下三角瓶，冷却(此时，溶液一般为黄色或黄中稍带绿色，如果以绿色为主，则说明重铬酸钾用量不足，应弃去重做)，用水冲洗小漏斗内外于三角瓶中，使瓶内总体积在 60～70 mL(溶液酸度为 2～3 mol/L)，加邻菲罗啉指示剂 3 滴，用 0.2 mol/L $FeSO_4$ 标准液滴定。当溶液变成

深绿色时表示接近终点，应逐渐慢滴，直到由蓝绿色突变为褐红色为终点。

④ 每批样品可测定2个空白试验，取其平均值，可用石英砂或灼烧土代替土样，其他步骤同上。

【结果与分析】

$$\omega(\text{土壤有机碳})=\frac{(V_0-V)\cdot c_{\text{Fe}}\times 0.003\times 1.1}{m}\times 1000$$

$$\omega(\text{土壤有机质})=\omega(\text{土壤有机碳})\times 1.724$$

式中，ω：土壤中有机碳(有机质)的含量，g/kg；V_0：空白试验用 $FeSO_4$ 溶液体积，mL；V：待测样品消耗 $FeSO_4$ 溶液体积，mL；c_{Fe}：$FeSO_4$ 溶液的浓度，mol/L；m：烘干土样的质量，g；0.003：碳的毫摩尔质量(0.012 g/mol)的1/4，mg/mol；1.1：氧化校正系数；1.724：由土壤有机碳换算成有机质的经验常数。

注：在加入0.8 mol/L(1/6 $K_2Cr_2O_7$)重铬酸钾时，由于标准溶液浓度已知(已标定)，可不做空白试验。

$$\omega(\text{土壤有机质})=\frac{(c_{\text{Cr}}\cdot V_{\text{Cr}}-c_{\text{Fe}}\cdot V_{\text{Fe}})\times 0.003\times 1.724\times 1.1}{m}\times 1000$$

式中，ω：土壤有机质的含量，g/kg；c_{Cr}：标准 $K_2Cr_2O_7$ 的浓度(1/6 $K_2Cr_2O_7$)，mol/L；V_{Cr}：标准 $K_2Cr_2O_7$ 的用量，mL；c_{Fe}：标准 $FeSO_4$ 的浓度，mol/L；V_{Fe}：标准 $FeSO_4$ 的用量，mL；m：烘干土样的质量，g。

【注意事项】

① 由于风干土样称样量少，称样时应用减重法以减少称样误差。

② 特殊样品，如草炭、有机肥等样品的有机质远远＞5%者，则不宜采用此法。应当改用干灰化法，即在500～525℃下灼烧，从灼烧后失去的质量计算有机质含量。具体操作步骤如下：

a. 坩埚质量：将标有号码的瓷坩埚洗净，烘干，高温电炉中灼烧15～20 min，冷却，用坩埚钳取出，干燥器内冷却至室温，称量。

b. 称样灰化：将磨细(0.5 mm，烘干，60℃烘4 h)的样品2～3 g放入已知质量的瓷坩埚中，在分析天平上准确称量，可调电炉上加热炭化，逐步提高温度，呈灰白色不再冒烟时炭化完毕，移入高温电炉，550℃灼烧约1～2 h，冷却取出，放入干燥器中冷却30 min，称量。

$$\omega(\text{有机质})=\frac{\text{灰化前质量}-\text{灰化后质量}}{\text{烘干样品质量}}\times 1000$$

思　考　题

(1) 在测定土壤有机质时，加热过程中，试管口为什么要加盖小漏斗？

(2) 测定土壤有机质时，加入 K_2CrO_7 和浓 H_2SO_4 的作用是什么？

(3) 用重铬酸钾容量法——外加热法测定土壤有机质，在计算时为什么要乘以校正系数1.1？

实验 10　土壤酸碱度 pH、氧化还原电位 E_h 的测定

一、土壤酸碱度 pH 的测定

【实验目的】

土壤酸碱度是土壤的基本性质，也是影响土壤肥力的重要因素之一，它直接影响土壤养分的存在形态、转化和有效性。例如，土壤中的磷酸盐在 pH 6.5～7.5 时有效性最大；当 pH>7.5 时，则形成磷酸钙盐；pH<6.5 时，则形成铁、铝磷酸盐，而降低其有效性。土壤酸碱度与土壤微生物活动也有密切关系，对于土壤中氮素的硝化作用和有机质矿化作用，均有很大影响，因此土壤酸碱度关系到作物的生长和发育。测定盐碱土的酸碱度，可以大致了解土壤中是否含有碱金属碳酸盐和土壤是否发生碱化，为盐碱土改良和利用提供依据。作物对土壤酸度的要求，虽然不十分严格，但也都有其最适宜的酸碱范围。因此，测定土壤酸碱度，可以为合理布局作物提供科学依据。此外，在土壤农化分析中，土壤 pH 与很多项目的分析方法和分析结果有密切联系，在审查这些项目的结果时，常常要参考土壤 pH 的大小。

我国各类土壤 pH 变化较大，总体而言，南酸北碱，pH 变化范围在 4.5～9.0 之间。黑龙江省苏打盐碱土 pH 有的高达 9.0 以上；黑土为 6.0～7.0；石灰性土壤 pH 为 7.5～8.5；白浆土呈微酸性，pH 为 5.0～6.0。

土壤活性酸是土壤溶液中的游离 H^+ 引起的酸性，是土壤酸度的强度因素，通常用 pH 表示；潜在酸是指存在土壤胶体表面的 H^+ 和 Al^{3+} 所形成的酸性，它是土壤酸度的容量因素。二者构成动态平衡关系。

本实验主要测定土壤活性酸（比色法和酸度计法）。

【实验原理】

土壤活性酸的测定，常用比色法和酸度计法：比色法精度较差，误差约为 0.5 个单位，常用于野外速测；而酸度计法精度较高，pH 误差约为 0.02。

用酸度计法测定土壤 pH 时，常以 pH 电极为指示电极，甘汞电极或银-氯化银电极为参比电极，将两极插入土壤浸出液或土壤悬液时，构成一个电池反应，两极之间产生一个电位差，由于参比电极的电位是固定的，因而该电位差的大小决定于试液中氢离子的活度。氢离子活度的负对数即为 pH。因此，可用电位计测其电动势，再换算成 pH，一般可用酸度计直接读得 pH。

【实验设备及用品】

(1) 实验仪器

百分之一电子天平，pH 计，电炉或微波炉，滴定管。

(2) 需配制的溶液

① pH 4.00 标准缓冲液：称取 105℃下烘干的苯二甲酸氢钾（$C_8H_5KO_4$）10.221 g，用水溶解后稀释至 1 L，此液为 0.05 mol/L 苯二甲酸氢钾溶液，贮于塑料瓶内。

② pH 6.86 标准缓冲液，称取 105℃下烘干的 KH_2PO_4 3.44 g 和 Na_2HPO_4 3.55 g。共同溶

于水中，定容至 1 L。此液为 0.025 mol/L KH_2PO_4 和 0.025 mol/L Na_2HPO_4，贮于塑料瓶内。

③ pH 9.18 标准缓冲液：称取硼砂（$Na_2B_4O_7 \cdot 10H_2O$）3.80 g 溶于水中，定容至 1 L。（蒸馏水要先驱除 CO_2）。

【实验步骤】

① 称取 10.0 g 土样，置于 50 mL 高形烧杯中，加入 25 mL 无 CO_2 蒸馏水，搅动 1 min，使土样充分散开，放置 30 min，此时应避免空气中存在氨和挥发性酸。

② 将 pH 玻璃复合电极的球部放入土壤悬液，将悬液轻轻转动，待电极电位达到平衡，读数，测读 pH 数值。

性能良好 pH 电极与悬液接触后，能迅速达到稳定读数。但对于缓冲性弱的土壤，平衡时间可能延长，每测定一个样品后，要用水冲洗玻璃电极和甘汞电极，并用滤纸轻轻将电极上吸附着的水吸干，再进行第二个样品的测定。每测定 5～6 个样品后，应用 pH 标准缓冲液校正一次。

土壤盐浸液 pH 的测定，方法同上，但用 1 mol/L KCl 溶液代替水浸提液。此时测得的 pH 较水浸出液测得的 pH 低（主要对酸性土壤来说）。此数据可大致了解土壤交换性酸度的大小和盐基饱和度的高低。

【注意事项】

玻璃电极使用前需在 0.1 mol/L HCl 溶液中浸泡 24 h 以上，使用时先轻轻摇动电极内溶液，至球体部分无气泡为止。电极球体极薄易碎，使用时必须小心谨慎。电极不用时，可放在 0.1 mol/L HCl 中或无离子水中保存。如长期不用可放在纸盒中保存。

用玻璃电极测定时，pH 在 1～9 之间，大于或小于 10 都会使测得的 pH 产生误差，尤其在 LiOH 和 NaOH 溶液中所产生的误差较大。

二、土壤氧化还原电位 E_h 的测定

【实验目的】

土壤的氧化还原电位（E_h），作为反映土壤氧化还原状况综合性的强度指标已沿用多年。土壤的氧化还原平衡和酸碱平衡一样，是一种基本的化学平衡。在土壤的整个形成过程中，进行着多种复杂的化学和生物化学过程，其中氧化还原也占有十分重要的地位。水稻土的形成特征与氧化还原条件有关，土壤中氮素、磷素的转化也与氧化还原过程的关系十分密切。在还原条件下，有机氮矿化特点是铵态氮积累、硝态氮消失，土壤中磷的有效性提高。测定土壤的氧化还原电位，可以大致了解土壤的通气状况、还原程度以及某些水稻土中是否有硫化氢、亚铁、有机酸等有毒物质的毒害等等。一般认为，土壤的氧化还原电位在 400 mV 以上为氧化状况；0～200 mV 为中度还原状况；0 mV 以下为强度还原状况。硫化氢毒害在水稻中表现为黑根、烂秧和死苗；亚铁毒害生理上表现为对磷、钾的吸收障碍，使根老化，抑制根的生长；有机酸的毒害使根的氧化力和养分吸收等生理机能衰退，也影响地上部分的代谢。

【实验原理】

土壤中的氧化还原反应包括无机体系和有机体系两大类。氧化还原反应过程的实质是电子得失的反应。它的最简单表达形式为

$$\text{氧化剂}^{+m} + ne^- \longrightarrow \text{还原剂}^{m-n}$$

通过这种反应过程使化学能和电能之间得以相互转化。测定时用铂电极和甘汞电极构成电

池。铂电极作为电路中传导电子的导体，在铂电极上发生的反应为还原态物质的氧化或者氧化态物质的还原。这个动态平衡视电流方向而定，测定仪器一般采用氧化还原电位计或酸度计，从仪器上读出的电位值，是土壤电位值与饱和甘汞电极的电位差，因此需经换算才能得到土壤的电位值。

由于土壤氧化还原平衡与土壤酸碱度之间有着相当复杂的关系，为使测得的结果便于比较，需经 pH 校正。为统一起见，常校正为 pH 7 时的电位值(E_h)。多数土壤每增加 1 个 pH 单位，E_h 值要减少 60 mV(30℃)，因此，可按此理论值进行换算。但还原性较强的土壤不宜用此法，此时，最好是将 pH 与 E_h 一并列出。

【实验设备及用品】

酸度计或其他携带式电位计。

【实验步骤】

在野外测定时，可用酸度计或其他携带式电位计。将铂电极和饱和甘汞电极分别与仪器的正负极接线柱相连、选择开关置于＋mV 档。饱和甘汞电极可先插入表土水层或土中，然后把铂电极插入待测部位，平衡 2 min 后读数。如土壤 E_h 值低于饱和甘汞电极的电位值，指针偏向负端，此时可将极性开关改放在－mV 档，然后再进行读数。如果仪器没有极性开关，可将铂电极接负极，饱和甘汞电极接正极也可。

如果在室内测定，当土壤与大气相接触时，土壤的氧化还原状态容易发生变化，为此采样时应将土样迅速装满铝盒，盖严，并用胶布封好，尽快带回实验室，开盖后将表面土壤用刀刮去，立即插入电极进行测定。如要求精度较高时，可延长平衡时间，以 5 min 的 E_h 变动不超过 1 mV 为准。

【结果与分析】

仪器上读出的电位是土壤电位值与饱和甘汞电极的电位差，因此，土壤的电位(E_h)需经计算才能得到。如以铂电极为正极，饱和甘汞电极(具体电位值见表 10-1)为负极，则

$$E_{实测}=E_{h土壤}-E_{饱和甘汞电极}$$

$$E_{h土壤}=E_{饱和甘汞电极}+E_{实测}$$

如果以铂电极为负极，饱和甘汞电极为正极时，则

$$E_{实测}=E_{饱和甘汞电极}-E_{h土壤}$$

$$E_{h土壤}=E_{饱和甘汞电极}-E_{实测}$$

表 10-1　饱和甘汞电极在不同温度时的电位

温度/℃	E/mV	温度/℃	E/mV	温度/℃	E/mV
5	257	18	248	28	242
10	254	20	247	30	240
12	252	22	246	35	237
14	251	24	344		
16	250	26	243		

注：现在测试一般都用复合电极，即参比电极与指示电极都被制成一个电极，外观上好像只是一个电极，但它们的实际工作原理不变。

思　考　题

(1) 土壤酸碱度 pH、氧化还原电位 E_h 与土壤肥力存在什么关系？

(2) 土壤酸碱度 pH、氧化还原电位 E_h 一般都分别采用什么方法测定？

实验11　土壤全氮的测定

【实验目的】

氮素是植物最重要的营养元素之一，它在土壤中主要分为有机态和无机态两大部分：有机态的氮主要以蛋白质、核酸、氨基糖和腐殖质等化合物形式存在；而无机态的氮以固定态铵、交换性铵、硝态氮、亚硝态氮等形式存在，通常不超过全氮量的5%。

土壤无机氮是植物可以直接吸收的氮素，它的含量受气温、土壤水分、酸碱度、氧化还原状态、土壤微生物活动、作物生长情况和耕作措施、施肥、灌溉、排水等的影响很大，变化很快。因此，某一时刻土壤无机氮含量的高低，不能说明该土壤的基本供氮水平，而有机氮只有经过微生物的矿化作用才能为作物所吸收利用。土壤全氮量虽然不能说明土壤的供氮强度，但可反映土壤供氮的总体水平，即土壤基本氮素水平，从而为评价土壤基本肥力、合理施肥以及采用各种农业措施促进有机氮的矿化过程等提供科学依据。

在我国土壤中的氮素含量变幅很大。南方红、黄壤及滨海盐土，全氮量在1 g/kg以下；水稻土含量较高，为1～3 g/kg；华北平原耕层土壤全氮量在0.5～0.8 g/kg之间；而东北黑土则为2～5 g/kg之间。

由于土壤有机质和全氮、全磷和全钾的含量比较稳定，所以不必每年测定，更无需按作物生育期进行测定。这一点与土壤有效养分是不同的。

本实验主要学习和掌握半微量开氏法对土壤全氮的测定。

【实验原理】

土壤全氮的测定主要有两种方法。一种是1831年杜马斯发明的干烧法或称杜氏法：样品在 CO_2 中燃烧，以 Cu＋CuO 为催化剂，使生成的氮气（N_2）和 CO_2 的混合气流通过矿液，其中 CO_2 被吸收，测量余下的 N_2 的体积，可计算出样品中氮的含量。杜氏法回收率较高，但仪器装置和操作比较复杂。目前国外已有干烧法的自动定氮仪，可提高分析效率。另一种方法是丹麦人开道尔于1883年创用的湿烧法——开氏定氮法，此法经过几十年的多次修改，结果可靠。由于此法设备简单，一般实验室均可广泛应用。

开氏法定氮包括以下两个过程：

1. 样品的消煮

在消煮过程中，各种含氮有机化合物经过复杂的高温分解反应转化成为铵态氮（硫酸铵），这个复杂的反应，总称为开氏反应。硫酸在高温下为强氧化剂，蒸气分解产生新生态氧[O]，能氧化有机化合物中的碳，生成 CO_2，从而分解有机质。

$$H_2SO_4 \xrightarrow{\text{高温}} SO_3\uparrow + H_2O$$

$$C + 2[O] \longrightarrow CO_2\uparrow$$

样品中的含氮有机化合物（如蛋白质等）在浓硫酸作用下，水解成为氨基酸，氨基酸又在硫酸的脱氨作用下，还原成氨，氨与硫酸结合成为硫酸铵留在溶液中。

上述反应进行速度较慢，通常利用加速剂促进反应过程。加速剂的成分，按其效用的不同，可分为增温剂、催化剂和氧化剂三类。常用增温剂是硫酸钾和硫酸钠。消煮时温度要求控制在360～410℃之间：低于360℃，消化不完全，特别是杂环氮化合物不易分解，使结果偏低；温度过高可引起氮素的损失。其温度的高低取决于加入增温剂的多少，一般应每毫升浓硫酸中含有0.35～0.45 g为宜。

在催化剂中也有很多种类，例如汞、氧化汞、硫酸铜、硫酸铁、硒等，其中以硫酸铜和硒混合使用最为普遍。当有机质全部被氧化之后，则不再形成褐红色的$CuSO_4$，而呈现清澈的蓝绿色。因此硫酸铜不仅起催化作用，也起指示消化终点的作用。

硒的催化效率很高，可以大大缩短消化时间。在使用硒粉作催化剂时，硒的用量不能过多，消煮时间过长或温度过高，均能导致氮素的损失。

值得注意的是，用硒作催化剂时，消煮液不能供氮、磷联合测定。硒还是有毒元素，实验室必须有良好的通风设备，否则在消化过程中产生的H_2Se可能引起中毒。另外，为了加快反应速度，很多人曾使用氧化剂。试验证明，将氧化剂（$K_2Cr_2O_7$、$KMnO_4$、$HClO_4$等）分次加到消煮液的硫酸中均能取得良好效果，同时可以大大缩短消煮时间，一般15～30 min即可。目前，人们对于$HClO_4$的使用很重视。因为H_2SO_4-$HClO_4$消煮液可以同时测定氮、磷，有利于自动化分析的使用。但是由于氧化剂作用很激烈，容易造成氮的损失，所以，使用时必须谨慎，每次用量不可过多，消煮时只能微沸，以防有机氮被氧化成游离氮气或氮的氧化物而逸失。

关于消煮时间，不能以消煮液是否清澈作为依据。通常是消煮液开始清亮后还需“后煮”一定时间，以保证全部有机氮都转化为铵盐。

2. 消煮液中铵的定量

消煮液中的铵态氮可根据要求和实验条件选用蒸馏法、扩散法或比色法等测定。

扩散法和蒸馏法所用仪器不同，但都是先把消煮液碱化，使$(NH_4)_2SO_4$转变为挥发性的NH_3，让它自行扩散出来或蒸馏出来，扩散或蒸馏出来的NH_3，可以用标准酸吸收。剩余的酸再用标准碱溶液回滴，根据被NH_3所消耗的酸量来计算铵态氮的量。

$$(NH_4)_2SO_4 + 2NaOH \longrightarrow Na_2SO_4 + 2NH_3\uparrow + 2H_2O$$

现在通常都改用硼酸（H_3BO_3）溶液来吸收NH_3，然后用标准酸溶液直接滴定硼酸吸收的NH_3。

$$NH_3 + H_3BO_3 \longrightarrow NH_4\cdot H_2BO_3\text{（或写作 }H_3BO_3\cdot NH_3\text{）}$$

$$NH_4\cdot H_2BO_3 + HCl \longrightarrow NH_4Cl + H_3BO_3$$

硼酸吸收NH_3的量，大致可按每毫升1%H_3BO_3最多能吸收0.46 mg N来计算。例如，3 mL 3%H_2BO_3溶液最多可吸收

$$3\,\text{mL}\times 3\%\times\frac{0.46\,\text{mg N}}{1\,\text{mL}\times 1\%}\approx 4\,\text{mg N}$$

用硼酸代替标准酸吸收氨的优点很多：直接滴定氨的准确浓度较高，可以不配制标准碱溶液；硼酸的用量足够即可，不必准确量取；蒸馏氨时不怕倒吸，若发生倒吸，只需添加硼酸后再蒸馏即可。但应注意，带有指示剂的硼酸溶液容易发生器皿和外来酸碱的沾污；用硼酸吸收氨时，温度不能超过40℃，否则NH_3易逸失；所用硼酸和指示剂（溴甲酚绿和甲基红）的质量可影响滴定终点的敏锐程度；硼酸久贮于玻璃瓶中，也可因溶解玻璃而降低终点的灵敏度。

开氏法测定的是有机氮和样品中原有的铵态氮，不包括全部硝态氮，因为硝态氮在加热过程

中会逸出。如需包括全部硝态氮在内,需将开氏法,另加调整。由于土壤中硝态氮含量很少,常不到全氮量的1%,故而可略去不计,所以一般开氏法测得的结果,就可以当作土壤的全氮。

【实验设备及用品】

(1) 实验仪器

万分之一电子天平,50 mL 刻度消煮管,红外消煮炉,定氮蒸馏装置或自动定氮仪,微量滴定管。

(2) 需配制的溶液

① 浓硫酸溶液(密度 1.84 g/cm^3)(不含氮,化学纯)。

② 加速剂: K_2SO_4 100 g、$CuSO_4 \cdot 5H_2O$ 10 g 和 Se 粉 1 g 共同研细,全部通过 0.25 mm 筛孔,充分混匀;如无 Se 粉,也可以只用 10∶1 的 K_2SO_4 和 Cu $SO_4 \cdot 5H_2O$ 配制,此时消煮时间要适当延长些。

③ 溴甲酚绿-甲基红指示剂:溴甲酚绿 0.099 g 和甲基红 0.066 g 溶于 100 mL 95%酒精中,用稀 NaOH(约 1 mol/L)或 HCl 调节至蓝色(pH 4.5),此指示剂的变色范围为 pH 4.2~4.9(蓝绿色)。

④ 2%硼酸溶液(内含溴甲酚绿-甲基红指示剂):H_3BO_3 20 g 溶于 1 L 蒸馏水中,加溴甲酚绿-甲基红指示剂约 10 mL,并用稀 NaOH(约 0.1 mol/L)或稀 HCl(0.1 mol/L)调节呈紫红色(pH4.5),此液每毫升最多可吸收 0.9 mg 氨基氮。

⑤ 40% NaOH 溶液:称取固体 NaOH 400 g 于硬质烧杯中,加 400 mL 无 CO_2 蒸馏水溶解,并不断搅拌,以防止烧杯底 NaOH 固结,冷却后以无 CO_2 蒸馏水稀释至 1000 mL,贮于胶塞试剂瓶中。

⑥ 0.02 mol/L 盐酸或(1/2 H_2SO_4)硫酸标准溶液:请参考"附录一　标准酸碱溶液的配制和标定方法"。

【实验步骤】

(1) 样品的消煮

① 称取过 0.25 mm 筛孔的风干土样 0.50000~1.0000 g(含 N 约 1 mL)。通常,土样含氮量约 0.1%,称样 1.0000 g;含氮约为 0.2%时,则应称样 0.50000 g,用光滑小纸条小心放入50 mL 干燥消煮管底部。

② 加入加速剂 2 g(用量勺加入),浓硫酸 5 mL(用自动量液装置或量筒量取),轻轻摇匀(如果为黏质土壤,先加入 5~10 滴水浸泡,待黏粒分散后,再加 5 mL 浓硫酸),以小漏斗盖住消煮管口。

③ 将开氏瓶斜置于 600~800 W 的电炉上,先用小火消煮、待泡沫不多时,可加大火力,使溶液保持沸腾,硫酸蒸气在瓶颈下部 1/3 处冷凝回馏。消煮过程中应间断地转动消煮管,使溅上的有机质能及时分解。待消煮液褪去污色而呈清澈淡蓝色后,再煮约 30~40 min。

④ 消煮完毕后稍放冷却,在硫酸盐类尚未析出凝固以前,用少量蒸馏水洗涤消煮管 4~5 次,然后将消煮液全部转入蒸馏器内室,总用量约 20 mL。

在消煮土样同时,做两份空白试验,除不加土样以外,其他操作都相同。

(2) 铵的定量蒸馏

① 蒸馏前先检查蒸馏装置是否漏气,管道是否清洁。检查方法:用水蒸洗,弃去初馏液,用

小三角瓶接取蒸馏液约 10 mL,加 1 滴 0.01 mol/L 盐酸,1 滴混合指示剂溶液,如能由绿色变为红色,即表示管道无酸碱玷污。

② 另取小三角瓶加入 2%硼酸溶液 10 mL,放在蒸馏器的冷凝管下面,距离硼酸液面 2～3 cm 处。

③ 向蒸馏器内室加入约 40%NaOH 溶液 20 mL,立即塞紧,进行蒸汽蒸馏。注意同时开放冷凝水,勿使蒸出液的温度超过 40℃。蒸馏时间约 15～20 min,蒸馏液体约 40～50 mL 时即可停止蒸馏,用少量蒸馏水洗冷凝管末端于三角瓶中,然后取下三角瓶。

④ 用微量滴定管,以 0.02 mol/L (1/2 H_2SO_4)硫酸或 0.02 mol/L 盐酸标准溶液滴定蒸馏液中的氨,待溶液由蓝绿突变为紫红色即为终点。

⑤ 测定时,做两份空白试验,以校正试剂和滴定误差。

【结果与分析】

$$\omega(\text{土壤全氮})=\frac{c(V-V_0)\times 0.014}{m}\times 1000$$

式中,ω:土壤全氮含量,g/kg;c:盐酸标准溶液的浓度,mol/L;V:测定时所用盐酸标准溶液的体积,mL;V_0:空白试验所用盐酸标准溶液的体积,mL;0.014:氮的毫摩尔质量,g/mmol;m:烘干土样质量,g。平行测定结果允许误差为 0.005%。

思　考　题

(1) 土壤氮素主要有哪几种形态?

(2) 测定土壤全氮采用什么方法?原理是什么?

实验 12　土壤碱解氮的测定

【实验目的】

土壤“碱解氮”是指用一定浓度的碱溶液，在一定条件下使土壤中易水解的有机氮水解生成氨时所测得的“水解性氮”。(用酸溶液进行水解时测得的氮，称为“酸解氮”。)亦称土壤有效性氮，它包括无机的矿物态氮(铵态氮和硝态氮)，也包括部分有机物质中易水解的、较简单的有机态氮(氨基酸、酰胺和易水解的蛋白质氮)。碱解氮的含量与土壤有机质和含水量及土壤本身水热环境条件等有关。一般情况下，土壤有机质含量高，熟化程度高，土壤温度高，微生物活动强，则碱解氮的含量亦高。通常情况下，这部分氮素能反映出土壤近期内氮素供应状况，某种程度上既反映土壤氮素供应强度，又能看出氮的供应容量与释放速率。因此，它与作物的生长和产量有着一定相关性。

【实验原理】

利用 1.0 mol/L NaOH 水解土壤样品，使土壤易水解的有机含氮化合物脱氨而转化为 NH_3，连同土壤中原有的氨基氮不断扩散逸出，由硼酸吸收，再用标准酸滴定，计算出水解性氮的含量。此法测定结果，受碱的种类、浓度、土液比、水解时的温度和作用时间等因素的影响。为了使测得结果可以相互比较，必须严格按照规定的条件进行测定。

碱解扩散法，不受石灰性土壤中 $CaCO_3$ 的干扰，操作手续简便，结果的再现性较高，消耗劳力和药品较少，很适用于大批样品的分析。但此法测得结果，不包括土壤中的硝态氮，因为旱田土壤中硝态氮含量较高，需加硫酸亚铁还原成铵态氮，由于硫酸亚铁本身会中和部分氢氧化钠，故需提高加入碱的浓度，使碱浓度保持 1.0 mol/L；而水稻土壤中硝态氮含量极微，可省去加硫酸亚铁，直接用 1.0 mol/L NaOH 进行水解。

【实验设备及用品】

(1) 实验所需主要仪器

百分之一电子天平，微量滴定管，恒温培养箱，扩散皿。

(2) 试剂配制

① 1.6 mol/L NaOH 溶液：称取化学纯 NaOH 64.0 g 于大烧杯中，用水溶解后，冷却至 1 L(用于旱田土壤)。

② 1.0 mol/L 氢氧化钠溶液：称取化学纯 NaOH 40.0 g，用水溶解后，冷却定容至 1 L(用于水田土壤)。

③ 2%硼酸和 0.02 mol/L 盐酸溶液：参见“实验 11　土壤全氮的测定”。

④ 碱性胶液：40 g 阿拉伯胶粉与 50 mL 水在烧杯中混合，温热至 70～80℃，促进溶解，冷却后，加甘油 20 mL 和饱和 K_2CO_3 溶液 20 mL，搅匀，放冷。最好用离心机分离以除去泡沫和不溶物，将清液倾入小玻璃瓶中。用此黏合剂涂于扩散皿磨口边上，约 5 min 后(蒸发了一些水，增加了黏性)再加盖玻片，密封效果最好。

⑤ $FeSO_4 \cdot 7H_2O$(粉状)：将分析纯 $FeSO_4 \cdot 7H_2O$ 研细，保存于阴凉干燥处。

【实验步骤】

① 取风干土样(1 mm)2.00 g(如果是湿土，则应称取相当于 2 g 干土的湿土样质量)，和 1 g 硫酸亚铁，均匀平铺在扩散皿外室一边(水稻土样品则不必加入硫酸亚铁)。

② 在扩散皿内室中加入含有指示剂的 2%硼酸 2 mL，然后在扩散皿磨口边上涂一层碱性甘油，盖上毛玻片，从小孔注入 1.6 mol/L NaOH 溶液 10 mL(水稻土样品，改用 1.0 mol/L NaOH 10 mL)于扩散皿外室，立即盖严扩散皿。

③ 水平轻轻移动扩散皿，使土样与溶液充分混匀，用橡皮筋固定，随后放入 40℃的恒温箱中，24 h 后取出，用 0.02 mol/L 盐酸标准液滴定至终点。

注：有时因扩散温度高于室温，盖玻片下有小水汽滴冷凝吸收氨而产生负误差。

以 0.02 mol/L 盐酸标准溶液用半微量滴定管滴定内室硼酸中所吸收的氨量。测定同时可做两份空白试验，以校正试剂和滴定误差。

【结果与分析】

$$\omega(\text{土壤碱解氮})=\frac{(V-V_0)c\times 14}{m}\times 1000$$

式中，ω：土壤碱解氮的含量，mg/kg；V：土样测定时所用的盐酸标准溶液体积，mL；V_0：空白试验所用盐酸标准溶液的体积，mL；c：盐酸标准溶液的浓度，mol/L；14：氮的摩尔质量，g/mol；1000：换算成每 1000 g 样品中氮的量，mg；m：土样的质量，g。平行测定结果允许误差为 0.005%。

思　考　题

(1) 为什么碱解扩散法测定土壤碱解氮必须在密闭条件下进行?

(2) 测定水解性氮在生产上有何意义?

实验 13　土壤全磷的测定

【实验目的】

我国土壤中全磷含量(以 P 表示)一般为 0.2～1 g/kg(相当于 P_2O_5 质量分数 0.05%～0.25%)。黑龙江省土壤全磷含量约为 0.5～1 g/kg。土壤全磷含量的高低既决定于土壤性质，也决定于耕作管理，特别是磷肥的施用。一般地说，石灰性土壤含磷高于非石灰性土壤；强酸性土壤含磷较低；黏质土壤高于砂质土壤，有机质多的全磷含量也高，耕作层一般高于底土层。

土壤中全磷多为无机磷，其中有机磷约占全磷的 20%～50%。土壤有机磷包括核酸、磷脂、植素等含磷化合物，其中以核酸为主，约占有机磷的 50%。土壤有机磷含量与土壤有机碳、氮含量成正相关，C∶N∶P 的比例为 110∶9∶1。有机磷只有经土壤微生物分解后才能为植物吸收利用。土壤无机磷以钙、铁、铝等磷酸盐形式存在，无机磷存在的形态受土壤 pH 影响很大。石灰性土壤以磷酸盐为主，酸性土壤中则以磷酸铝和磷酸铁占优势，而中性土壤则三种盐类大致相当。酸性土壤，特别是红壤中由于大量游离氧化铁存在，所以很大部分磷酸铁被氧化铁薄膜包裹成为闭蓄态磷，使磷的有效性大大降低。石灰性土壤中游离的 $CaCO_3$ 含量对磷的有效性也有很大影响。

测定土壤全磷的含量对于了解土壤磷的供应状况有一定的帮助，但全磷量只能说明土壤中磷的总贮量。全磷含量高的土壤，不一定说明有足够的速效磷满足当季作物生长的需要。从作物营养和施肥来看，只测定土壤全磷是不够的，还必须测定土壤速效磷的含量，才能全面地摸清土壤的磷素状况。

本实验主要掌握土壤全磷测定的原理和方法。

【实验原理】

土壤全磷的测定，包括两个步骤：第一步是样品的分解，将土壤中各种形态磷提取出来制成待测液；第二步是测定待测液中的磷。样品分解的方法很多，有 Na_2CO_3 熔融法、H_2SO_4-$HClO_4$ 消煮法和灼烧法(即样品灼烧后用盐酸溶解)。目前以 H_2SO_4-$HClO_4$ 消煮法应用最为普遍，其操作简便，又不需要用白金坩埚，但此法不如 Na_2CO_3 熔融分解样品完全。Na_2CO_3 熔融法虽然操作较繁，但样品分解完全，仍是土壤全磷测定中样品分解的标准方法。灼烧法测得的结果一般偏低。

溶液中少量磷的测定有三种方法用得比较普遍：$SnCl_2$-H_2SO_4 体系、$SnCl_2$-HCl 体系和钼锑抗-H_2SO_4 体系。本实验选用 H_2SO_4-$HClO_4$ 法消煮土样，溶液中的磷用钼锑抗法测定。

1. 样品的分解

$HClO_4$ 既是一种强酸，又是一种强氧化剂，能分解矿物质和氧化有机质，而且具有很强的脱水作用，有助于胶状硅的脱水，并能与 Fe^{3+} 络合，在磷的比色测定中抑制了硅和铁的干扰。硫酸的存在可提高消化液的温度，防止消化过程中溶液蒸干，以利于消化分解作用的进行。本法对一般土壤样品分解率可达 97%～98%。

2. 溶液中磷的测定

在一定酸条件下，溶液中的正磷酸与钼酸络合形成磷钼杂多酸：

$$H_3PO_4 + 12H_2MoO_4 \longrightarrow H_3[P(Mo_3O_{10})_4] + 12H_2O$$

磷钼杂多酸是复杂的多元酸，它的铵盐不溶于水，磷较多时即生成黄色磷钼酸铵沉淀$(NH_4)_3[P(Mo_3O_{10})_4]$，磷很少时并不生成沉淀，甚至溶液也不出现黄色。在一定酸和钼酸铵浓度下，加入适当的还原剂后，磷钼酸中的一部分 Mo^{6+} 被还原为 Mo^{5+}，生成三种称为“钼蓝”的物质。这是钼蓝比色法的基础。根据颜色的深浅可以进行磷的定量，而蓝色产生的速度、强度、稳定性以及其他离子的干扰程度，与所用还原剂和酸的种类、试剂的适宜浓度，特别是与酸度有关。

钼蓝比色法所用还原剂的种类很多。最常用的是氯化亚锡和抗坏血酸：氯化亚锡灵敏度高，显色快，但蓝色不稳定，对酸度和试剂浓度的控制要求很严格，干扰离子也较多；抗坏血酸的优点是蓝色稳定，Fe^{3+} 和硅的干扰很少，但显色速度慢，需要温热处理。从 20 世纪 60 年代，起提倡用“钼-锑-抗”法——一种改进的抗坏血酸法，它在钼酸铵试剂中添加了催化剂酒石酸氧锑钾，这样既具有还原法的各种优点，又能加速显色反应，在常温下迅速显色。锑还参与钼蓝络合物的组成，能增强蓝色，提高灵敏度。此法特别适于含 Fe^{3+} 多的土壤全磷消煮液中磷的测定。此外，钼-锑-抗试剂是单一的溶液，可以简化手续，利于分析方法的自动化。

试剂的适宜浓度，是指比色溶液中酸和钼酸铵的最终浓度和它们的比例，在测定时必须严格控制。一般地说，钼酸铵的浓度越高，要求的酸度也越高，而适宜的酸浓度范围则越窄。如果酸的浓度太低，则溶液中可能存在的硅和钼酸铵本身也会变成蓝色物质而致磷的测定结果偏高；如果酸浓度太高，则钼蓝的生成延滞而致蓝色显著降低，甚至不显蓝色。此外，还原剂的用量也须控制在一定范围之内。

【实验设备及用品】

(1) 实验所需主要仪器

万分之一电子天平，红外消煮炉，可见光分光光度计。

(2) 试剂配制

① 浓硫酸溶液：密度 1.84 g/cm³，分析纯。

② 高氯酸：70%～72%，分析纯。

③ 2,6-二硝基酚或 2,4-二硝基酚指示剂溶液：二硝基酚 0.25 g 溶于 100 mL 蒸馏水中。此指示剂的变色约为 pH 3，酸性时无色，碱性是呈黄色。

④ 4 mol/L NaOH 溶液：NaOH 16 g 溶于 100 mL 水中。

⑤ 2 mol/L($1/2H_2SO_4$)硫酸溶液：浓 H_2SO_4 6 mL 注入水中，加水至 100 mL。

⑥ 钼锑贮备液：取 153 mL 浓硫酸缓缓加入到约 400 mL 水中，搅拌、冷却。另取 10 g 钼酸铵[$(NH_4)_6Mo_7O_{24} \cdot 4H_2O$]溶解于 300 mL 约 60℃的水中，冷却，然后将硫酸溶液缓缓倒入钼酸铵溶液中，再加入 0.5%的酒石酸氧锑钾($KSbOC_4H_4O_6 \cdot 1/2H_2O$，分析纯)溶液 100 mL，最后用水稀释至 1 L，充分摇匀，贮于棕色瓶中保存。此贮备液含 1%的钼酸铵，5.5 mol/L ($1/2\ H_2SO_4$)硫酸溶液。

⑦ 钼-锑-抗显色剂：称取 1.5 g 抗坏血酸($C_6H_8O_6$，左旋，旋光度+21°～22°，二级)溶于100 mL 钼锑贮备液中。此液有效期 1 天，需随用随配。

⑧ 磷标准溶液：准确称取在 105℃下烘干的分析纯磷酸二氢钾(KH_2PO_4)0.2195 g，溶于

400 mL 水中，加浓硫酸 5 mL(防长霉菌，可使溶液长期保存)转入 1 L 容量瓶中，用水定容。此溶液为 50 mg/kg 磷标准溶液。

吸取上述标准贮备液 25 mL，稀释至 250 mL，即为 5 mg/kg 磷标准溶液(此液不易久存)。

【实验步骤】

(1) 样品分解

① 精确称取过 0.25 mm 筛孔的风干土样 0.5000～1.0000 g(含磷约 1 mL)，置于 50 mL 消煮管中，以少量蒸馏水湿润后，加 H_2SO_4 8 mL，摇匀，再加 70%～72% $HClO_4$ 10 滴，摇匀，在瓶口上放一弯颈小漏斗，置于电炉上加热消煮；至溶液开始转为灰白色，继续消煮 20 min，全部消煮时间约30～40 min。在样品消煮的同时，做两个空白试验，操作同上，但不加土样。

② 消煮液冷却后，用蒸馏水小心地定容至 50 mL，充分摇匀，放置过夜或用无磷滤纸①过滤，将滤液接收在 100 mL 干燥的三角瓶中待测定。

(2) 磷的测定

① 吸取澄清液 5 mL(含磷＜30 μg)②注入 50 mL 容量瓶中，用水稀释至约 30 mL。加二硝基酚指示剂 2 滴，用 4 mol/L NaOH 溶液调节 pH，直至溶液刚转为微黄色③，再加入 2 mol/L (1/2 H_2SO_4)硫酸溶液 1 滴，使溶液的黄色刚刚褪去(这里不用 $NH_3 \cdot H_2O$ 调节酸度，因 $NH_3 \cdot H_2O$ 的浓度超过 1%时，就会使钼蓝蓝色迅速消退)。

② 在上述溶液中，准确加入钼-锑-抗显色剂 5 mL，充分摇匀，然后加水定容。30 min 后显色，在 700 或 880 nm 波长进行比色，以空白试验的显色溶液调节零点，读记吸收值 A。

③ 磷标准工作曲线的绘制：吸取 5 mg/kg 磷的标准溶液 0、1、2、4、6、8 mL，分别放入 6 个50 mL 容量瓶中，加水约至 30 mL，再加空白试验定容后的消煮液 5 mL，然后同上法调节溶液 pH，显色，比色测定后绘制标准曲线。各瓶比色液中磷的浓度分别为 0、0.1、0.2、0.4、0.6、0.8 mg/kg。

【结果与分析】

$$\omega(\text{全 P}) = c \times \frac{V}{m} \times \frac{V_2}{V_1} \times 10^{-3}$$

式中，ω：全 P 含量，g/kg；c：从标准曲线查得磷的浓度，μg/mL；V：样品消煮后定容后的体积，mL；V_1：吸取清液的体积，mL；V_2：显色溶液的体积，mL；m：烘干样品的质量，g；10^{-3}：将 μg/g 数换算为 g/kg 的乘数。

思 考 题

(1) 土壤全磷测定时为何必须先调 pH?

(2) 如果测定时颜色太深，但还未出现沉淀，这时是否可以稀释一定倍数后再进行比色?

---

① 如果滤纸含磷，必须先进行处理，方法如下：取 7 cm 或 9 cm 的定性滤纸 200 张置于大烧杯中，加 1∶2 盐酸 300 mL，浸泡 3 h，取出后分成 2 份，分别用蒸馏水漂洗 3～5 次，再用 1∶2 盐酸 300 mL 浸泡 3 h，然后叠放在布氏漏斗上，用蒸馏水冲洗至中性，取出晾干备用。

② 如待测液中磷的浓度过高或过低时，可减少或增加待测液的吸收量，以含磷在 20～30 μg 为好。

③ 为了避免每次调节待测液 pH 之烦，可先计算出待测液中的消煮液带来的 H_2SO_4 量，适当减少钼锑抗试剂中的 H_2SO_4 浓度，使最终显色的 H_2SO_4 浓度约为 0.25 mol/L 即可。

实验 14　土壤速效磷的测定

【实验目的】

测定土壤速效磷的含量，可以了解土壤的磷素供应状况（表 14-1），结合土壤类型、作物种类、产量指标和栽培管理措施等，在与氮、钾肥料合理配合基础上，制定磷肥分配和施用方案。另一方面，测定土壤速效磷也有助于查明土壤对磷的固定能力，从而定量提高磷肥利用率。

土壤速效磷的含量，随土壤类型、特性、气候、季节、水旱条件、耕作栽培管理措施等条件的不同而异。除了上述条件外，速效磷的丰缺指标，还与各种作物需磷程度和生育期、产量要求、测定方法、条件等因素有关。

表 14-1　土壤磷的丰缺参考指标

土壤速效磷/($mg \cdot kg^{-1}$)	<5	5～10	10～20	>20
土壤速效磷供应水平	缺	稍缺或中等	适宜	富足

【实验原理】

测定土壤速效磷，首先是选择适当的浸提剂，在一定条件下（土液比、浸提温度和时间等）把土壤速效磷浸提出来，然后再测定浸提液中的含磷量。浸提液的选择，决定于土壤类型和性质。不同浸提剂浸提出的磷量不同。浸提剂是否合适，主要看它的测得值与作物施肥反应的相关性，相关性最高的，就是最佳浸提剂。

目前使用较广的几种浸提液中，一般认为以 0.03 mol/L NH_4F-0.025 mol/L HCl 浸提剂比较适合于风化程度中等的酸性土壤；对于风化程度较高的酸性土壤，也有介绍用 0.025 mol/L H_2SO_4-0.05 mol/L HCl 作浸提剂；石灰性土壤通常用 0.5 mol/L $NaHCO_3$(pH 8.5)浸提比较满意；对于中性土壤和酸性水稻土 NH_4F-HCl 法和 $NaHCO_3$ 法都有应用。

石灰性土壤中的磷主要以 Ca-P 形态存在，中性土壤中则 Ca-P、Al-P、Fe-P 都占一定比例。根据实验证明：以 0.5 mol/L $NaHCO_3$ 作浸提剂可以抑制 Ca^{2+} 的活性，使某些活性较大的 Ca-P 被浸提出来；同时，也可使有活性的 Fe-P 和 Al-P 因水解作用而浸出，并且与作物反应的相关性也高。因此，本实验选用 0.5 mol/L $NaHCO_3$ 作浸提剂。溶液中的磷用钼-锑-抗比色法测定，其原理见“实验 13　土壤全磷的测定”。

【实验设备及用品】

(1) 实验所需主要仪器

百分之一电子天平，可见光分光光度计，往复振荡机，恒温培养箱。

(2) 试剂配制

① 0.5 mol/L $NaHCO_3$ 溶液：称取 $NaHCO_3$ 42.0 g，溶于 800 mL 水中，稀释至 1 L，用 0.5 mol/L NaOH 调节 pH 至 8.5。此液曝置于空气中会因失去 CO_2 而使 pH 增高，因而，可加一层矿物油保护，每月调节一次 pH。

② 无磷活性炭和滤纸：活性炭常含有磷，需做空白试验，检验有无磷存在。如含磷较多，先

用 2 mol/L 盐酸浸泡过夜，然后用蒸馏水洗到无 Cl^- 为止，再用 0.5 mol/L $NaHCO_3$ 浸泡过夜，在平底瓷漏斗上抽气过滤，先用自来水冲洗几次，最后用蒸馏水淋洗 3 次，80℃烘干备用。如含磷较少，可直接用 $NaHCO_3$ 处理即可。

其余试剂同“实验 13”中的试剂配制。

【实验步骤】

① 称取 5.00 g 风干土样(1.0 mm)，放入 250 mL 干燥三角瓶中，加入 0.5 mol/L $NaHCO_3$ 溶液(pH8.5)100 mL 和一小勺活性炭，在振荡机上振荡 30 min，用干燥滤纸过滤(过滤前摇动，使溶液混浊)于另一干燥三角瓶中。

② 吸取滤液 10.00 mL，放入 50 mL 容量瓶中，加二硝基酚指示剂 2 滴，用稀 NaOH 或稀 H_2SO_4 调节 pH，边加边摇，待 CO_2 充分放出后，然后再准确加入 5 mL 钼-锑-抗显色剂，用水定容，摇匀。

③ 30 min 后，在 700 或 880 nm 波长进行比色。用空白溶液(10 mL 浸提剂代替浸出液，其余试剂都相同)调节光电比色计零点。

④ 工作曲线可用 6 份 0.5 mol/L $NaHCO_3$ 10.00 mL，分别放入 6 个 50 mL 容量瓶中，依次加入 5 mg/kg 磷的标准溶液 0、0.5、1.0、2.0、4.0、6.0 mL，按照测定时间同步骤各加 5.00 mL 钼-锑-抗显色剂，定容后，分别测定吸收值，并绘制标准曲线。其比色液磷的浓度分别为 0、0.05、0.1、0.2、0.4、0.6 mg/kg。

【结果与分析】

$$\omega(\text{土壤速效 P})=c\times\frac{V}{m}\times\frac{V_2}{V_1}$$

式中，ω：土壤速效 P 含量，mg/kg；c：从标准曲线查得磷的浓度，μg/mL；V：加入浸提剂的体积，mL；V_1：吸取的滤液的体积，mL；V_2：显色溶液的体积，mL；m：风干样品的质量，g。

思　考　题

(1) 为什么土壤速效磷测定时必须先排气泡，然后才能定容？

(2) 用 0.5 mol/L $NaHCO_3$ 浸提土壤，测定土壤速效磷的指标如何划分？

实验15　土壤速效钾的测定

【实验目的】

根据存在的形态和作物吸收利用的情况，钾可以分为水溶性钾、交换性钾、矿物层间不能通过快速交换反应而释放的非交换性钾和矿物晶格中的钾。前两类可被当季作物吸收利用，统称为“速效性钾”；后一类是土壤钾的主要贮藏形态，不能被作物直接吸收利用，按其黏土矿物的种类和对作物的有效程度，有的是难交换性的“无效性钾”，有的是非交换性的“迟效性钾”和“无效性钾”。各种形态的钾彼此能相互转化，经常保持着动态平衡，称为“土壤钾的平衡”。

土壤全钾的含量只能说明土壤钾总贮量的丰歉，不能说明对当季作物的供应情况。一般土壤中全钾含量较多，而速效性钾则仅有20～200 mg/kg，不到全钾量的1%～2%。为了判断土壤钾素的供应情况以及是否需用钾肥及其施用量，测定土壤速效钾的含量是很有意义的。

土壤速效钾的分级标准要根据当地作物反应而拟订。应当指出：不同土壤，由于其黏土矿物的种类和土壤质地等不同，对相同作物的供钾能力也往往不同；不同作物的需钾程度差别更大，因此在拟订指标和应用指标时，必须全面考虑各方面的因素。一般地说，1 mol/L NH_4OAc 浸提法测得的土壤速效钾对应的土壤速效钾供应水平可参考下例指标（表15-1）。

表15-1　土壤速效钾参考指标

土壤速效钾含量/($mg \cdot kg^{-1}$)	<50	50～80	80～115	115～165	>165
土壤速效钾供应水平	极缺	缺	中等	丰富	极丰富

本实验主要掌握1 mol/L NH_4OAc 浸提，用火焰光度计法测定速效钾的原理和方法。

【实验原理】

用1 mol/L NH_4OAc 浸提土壤，使土壤交换性钾和水溶性钾进入浸提液。NH_4OAc 浸出液中的K可用火焰光度计直接测定，NH_4OAc 燃烧后并不遗留固体残物。为了抵消 NH_4OAc 对测钾的影响，标准钾溶液也需用1 mol/L NH_4OAc 配制。

【实验设备及用品】

(1) 实验所需主要仪器

百分之一电子天平，往复振荡机，火焰光光度计。

(2) 试剂配制

① 1 mol/L 中性 NH_4OAc 浸提剂：NH_4OAc（化学纯）77.08 g 溶于水，稀释至1 L。用稀 HOAc 或 NaOH 调节 pH 至7.0，然后稀释至1 L。具体调节方法如下：取50 mL 1 mol/L NH_4OAc 溶液，用溴百里酚蓝作指示剂，以1∶1 NH_4OH 或1∶4 HOAc 调节至绿色，即为 pH 7.0（也可以用酸度计测试）。根据50 mL NH_4OAc 所用 NH_4OH 或 HOAc 的体积（mL数），算出所配制溶液的大概需用 NH_4OH 或 HOAc 的量，然后将全部溶液调至 pH 7.0。

② 钾标准溶液：精确称取105℃下烘干的分析纯 KCl 1.9068 g 溶于水中，定容至1 L。此液

为 1000 mg/kg 钾标准溶液。取此溶液用 1 mol/L NH_4OAc 浸提剂稀释至 100 mg/kg，然后再吸取100 mg/kg 钾标准 0、0.5、1.5、2.5、5.0、7.5、10.0、15.0 mL，分别放入 50 mL 容量瓶中，用 1 mol/L NH_4OAc 浸提剂稀释定容。此标准钾溶液的浓度分别为 0、1、3、5、10、15、20、30 mg/kg，储于塑料瓶中保存。

【实验步骤】

称取风干土样（1 mm）5.00 g，放入 100 mL 三角瓶中，加入 1 mol/L 中性 NH_4OAc 溶液 50 mL，塞紧，在往复式振荡机上振荡 30 min，用普通定性滤纸过滤。滤液盛于小三角瓶或小烧杯中，与钾标准系列溶液一起在火焰光度计上测定，记录检流计的读数。然后绘制工作曲线，并查得土壤浸出液中钾的浓度。

【结果与分析】

根据标准曲线中查得的钾浓度，结合下列公式即可算出土壤中速效钾的含量。

$$\omega(\text{土壤速效钾}) = c \times \text{水土比}$$

式中，ω：土壤速效钾含量，mg/kg；c：从标准曲线查得的钾的浓度，mg/kg，在本测定步骤中水土比为 50/5＝10。

附　6400 型火焰光度计（上海分析仪器厂）操作要点和步骤

① 插上电源，开启空气压缩机。

② 检查压缩空气瓶，调至适当压力。

③ 拨开观察窗，点燃火焰，并观察火焰是否达到形成 10 个锥形小火焰，而尾部又无分叉，呈蓝绿色明亮稳定的要求。若达不到要求，及时给予调节，然后关上观察窗，盖上顶盖（在无干扰情况下，可以不盖）。

④ 开启电源及检流计，并将蒸馏水放于雾化器吸收管下，喷射燃烧，再用“零点调节”将读数调零。

⑤ 换上高浓度标准液，用“满度调节”调至 90 分格左右的读数；待光点稳定后，换上蒸馏水喷洗，使光点回零。若不回零，可调节“零点调节”，待光点回零后重调一次标准液所定的读数。

⑥ 换上待测液进行喷射燃烧，待光点稳定后，记录读数；再用蒸馏水喷洗回零点。

⑦ 测定过程中可用标准液进行校对。

⑧ 测定完毕后，用蒸馏水喷燃 3～5 min 以洗去残留的盐分。

⑨ 停止压缩机的转动，不要关闭助燃气开关，待余气燃尽，熄灭后，关闭电源。

⑩ 待仪器稍冷后，加盖防尘罩。

工作完毕后，不用关闭其控制气阀，下次工作时只要接上电源启动压缩机，点燃火焰，稍作调节便可开始测定。

思　考　题

（1）土壤速效钾一般采用何种浸提剂？采用何种方法测定？

（2）土壤速效钾的分级指标是什么？

实验16　土壤缓效钾的测定

【实验目的】

土壤缓效钾是土壤速效钾的贮备，可以逐渐转化为能被植物吸收利用的速效钾。我国土壤缓效性钾含量为40～1400 mg/kg，缓效钾可以作为判断土壤钾素供应水平的指标之一。

【实验原理】

用1 mol/L硝酸煮沸提取土壤中的钾，多为黑云母、伊利石、含水云母分解的中间体以及黏土矿物晶格中固定的钾离子。这种钾与作物吸收量有显著的相关性。从1 mol/L硝酸提取出的酸溶性钾量中减去速效钾，即为土壤缓效性钾(表16-1)。

表16-1　土壤缓效钾的分级参考指标

1 mol/L HNO_3 浸提缓效性钾/($mg\cdot kg^{-1}$)	<300	300～600	>600
等　级	低	中	高

【实验设备及用品】

(1) 实验所需主要仪器

百分之一电子天平，砂浴或电热板，火焰光度计。

(2) 试剂配制

① 1 mol/L硝酸浸提剂：浓 HNO_3 62 mL放入预先盛有500 mL蒸馏水的1 L容量瓶中，用水定容。

② 将1000 mg/kg钾标准溶液用0.2 mol/L HNO_3 液稀释为100 mg/kg钾的标准液，再用0.2 mol/L HNO_3 稀释为5、10、20、30、50 mg/kg的钾的标准溶液系列。

【实验步骤】

称取2.50 g风干土样(1 mm)，放在150 mL三角瓶中，加入1 mol/L硝酸25 mL，在瓶口加一小漏斗。放在电炉上加热。煮沸10min(从沸腾开始时准确计时)，取下稍冷，趁热过滤于250 mL容量瓶中，用热蒸馏水洗涤三角瓶5～7次，冷却后定容。用火焰光度计直接测定钾的浓度，如无火焰光度计，可取一定量待测液用四苯硼钠比浊法测定。

【结果与分析】

ω(土壤缓效钾)/($mg\cdot kg^{-1}$)＝ω(酸溶性钾)/($mg\cdot kg^{-1}$)－ω(速效钾)/($mg\cdot kg^{-1}$)

土壤酸溶性钾的计算与速效钾的 NH_4OAc-火焰光度计法相同。

思　考　题

(1) 什么是土壤缓效钾？

(2) 土壤缓效钾一般采用什么方法浸提？采用什么方法测定？

实验 17 土壤有效微量元素测定及评价(综合性)

【实验目的】

铜、锌、铁 锰和钼都是植物生长必需的微量元素,铜是植物体内多种氧化酶的成分,叶绿体中含铜较多,因此铜在氧化还原反应及光合作用中起着重要作用。

锌在作物体内主要参与生长素的代谢和某些酶素活动,它是碳酸酐酶、谷氨酸脱氢酶的成分,因此植物缺锌常会引起生理病害。最明显的是在玉米苗期由于缺锌大面积出现"白苗病",严重影响作物生长。

铁的营养作用主要体现在:叶绿素的合成需要含铁酶的参与,是铁氧还蛋白的组成成分,参与光合电子传递作用;是固氮酶的组成成分,对固氮起重要作用;参与呼吸作用,是一些呼吸相关酶的组成成分;是磷酸蔗糖合成酶的活化剂,促进蔗糖的合成。

锰直接参与光合作用的放氧过程,对植物体内电子传递和氧化还原过程极为重要,是植物体内许多酶的成分和活化剂,促进吲哚乙酸的氧化、硝酸还原作用,可促进种子萌发和幼苗生长,加速花粉萌发和花粉管的伸长、提高结实率等。

钼是植物生长必需的元素,是硝酸还原酶和固氮酶的组成成分。它的存在影响着氮代谢和固氮作用,参与糖代谢,对提高光合作用强度及维生素 C 的合成有良好作用。

如果土壤中有效微量元素含量过少,植物就会出现缺素症状;如果土壤中有效微量元素含量过多,同样也会导致植物生长不良。可见植物的生长发育与土壤中有效微量元素的含量关系密切。当微量元素缺乏时,植物的外部形态表现一定的缺乏症状,如株高、叶片颜色、节间等都会有症状表现出来,产量下降,甚至绝产。因此,通过对植株的外部形态所出现的症状,可判断植物缺乏的元素,即外形诊断。当然,除典型症状外,有时仅仅根据外形难以作出正确判断,还需配合其他诊断方法。因此我们还需要进行土壤微量元素分析,根据不同土壤和不同作物制定适应本地区的微量元素指标。

本实验目的是要求掌握土壤有效微量元素测定的原理和操作方法;了解土壤微量元素分布;了解不同土壤微量元素有效性影响因素。

一、土壤中有效铜、锌和有效铁的测定

【实验原理】

土壤全锌含量 10~700 mg/kg,平均为 100 mg/kg,土壤含锌量主要取决于成土母质和成土过程,基性岩发育的土壤高于酸性岩发育的土壤,含锌矿物风化后形成较细的颗粒,质地越细,含锌越多。土壤中锌形态主要有矿物态、交换态、水溶性锌和有机态。对于水溶性和交换态的锌,作物可直接吸收利用,是有效锌。在酸性条件下,锌的溶解度增加,有效性提高;在碱性条件下,容易产生锌的沉淀,有效性下降;在 pH >6.5 时就可能缺锌。有机质与锌可形成稳定的络合物,降低了锌的有效性。有机质含量高的土壤,如草甸土、泥炭土、沼泽土、碱性土壤、砂土以及施磷肥过多的土壤容易缺锌。表 17-1 即为土壤有效锌参考指标。

表 17-1　土壤有效锌参考指标

土壤有效锌含量/($mg \cdot kg^{-1}$) DTPA 浸提	土壤有效锌含量/($mg \cdot kg^{-1}$) 0.1 mol/L HCl 浸提	锌供应水平
<0.5	<1.0	很低
0.5～1.0	1.0～1.5	低
1.0～2.0	1.5～3.0	中等
2.0～4.0	3.0～5.0	丰富
>4.0	>5.0	很丰富

土壤全铜含量 4～150 mg/kg，平均为 22 mg/kg，土壤含铜量主要取决于成土母质，基性岩发育的土壤高于酸性岩发育的土壤，在沉积岩中，页岩最高，砂岩次之，石灰岩最少。土壤铜形态主要有矿物态、交换态、水溶性铜和有机态。对于水溶性铜和交换态的铜，作物可直接吸收利用，是有效铜。有机质对铜的络合作用影响最大，有机质与铜可形成稳定的络合物，对铜的固定能力很强。因此，有机质含量高的土壤，如草甸土、泥炭土、沼泽土等，还有碱性土壤容易缺铜。在酸性条件下，铜的溶解度增加，有效性提高；在碱性条件下，容易产生铜的沉淀，有效性降低。表 17-2 即为土壤有效态铜的参考指标。

表 17-2　土壤有效铜参考指标

土壤有效铜含量/($mg \cdot kg^{-1}$) DTPA 浸提	土壤有效铜含量/($mg \cdot kg^{-1}$) 0.1 mol/L HCl 浸提	铜供应水平
<0.1	<1.0	很低
0.1～0.2	1.0～2.0	低
0.2～1.0	2.0～4.0	中等
1.0～1.8	4.0～6.0	丰富
>1.8	>6.0	很丰富

土壤中的铁的含量可达 38 g/kg，大部分铁存在于矿物中，土壤中可溶性铁含量不高。铁的形态复杂，主要有游离铁、无定形铁、有机配合态铁以及水溶态和代换态铁等。影响铁有效性的因素是 pH，酸性时铁的溶解度增加；当 pH 提高时，可溶性铁数量明显减少。pH 越高，铁的溶解度就越小。pH 超过 6.5 时，水溶性铁很少。氧化还原电位对铁的状态也有影响。在土壤长期渍水。处于还原条件下，大量的三价铁会还原为二价铁。碱性和石灰性土壤里容易缺铁，施磷肥过多可能会诱发缺铁，而水田中水稻容易出现铁中毒(二价铁超过 100 mg/kg)。

土壤中有效锌、铜和有效铁的测定有比色法、极谱法、原子吸收分光光度法等，其中最简便的要算原子吸收分光光度法。此法灵敏度高，操作简单，适合大批样品的分析。

土壤中有效锌、铜和有效铁的浸提在酸性土壤中都可用 0.1 mol/L HCl 为浸提剂，而在石灰性土壤上多用 0.005 mol/L DTPA＋0.01 mol/L $CaCl_2$ ＋0.1 mol/L TEA 混合溶液进行浸提。浸提出的锌、铜和铁可直接喷入乙炔空气焰中，分别以锌、铜和铁的空心阴极灯作为光源，它们分别辐射出待测元素的特征谱线。当此特征谱线通过试样的蒸气时，被蒸气中待测元素的基态原子所吸收，使辐射强度减弱，由辐射波的减弱程度，便可测出试样中待测元素的含量。若喷雾的速度不变，火焰长度不变，则吸收值与蒸气中基态原子的浓度成正比，故可作吸收值 A 对浓度的标准曲线,利用标准曲线可求出待测元素的含量来。

【实验设备及用品】

(1) 主要仪器设备

百分之一电子天平,往复振荡机,离子交换纯水器,原子吸收分光光度计(带石墨炉),500 mL 塑料三角瓶,铜、锌、铁空心阴极灯,氩气钢瓶及配套的减压装置,普通离心机及离心管。

(2) 试剂配制

① DTPA 溶液(即 0.005 mol/L DTPA+0.01 mol/L $CaCl_2$+0.1 mol/L TFA 混合溶液):称取 DTPA(二乙烯三胺五乙酸,$C_{14}H_{23}N_3O_{10}$) 1.967 g,TEA(三乙醇胺,$C_6H_{15}N_3O$)14.992 g,$CaCl_2 \cdot 2H_2O$ 1.47 g,分别用少量去离子水溶解后一并转入 1 L 容量瓶中,加水约 900 mL,用 1∶1的盐酸调节到 pH 为 7.3±0.05(1∶1 的盐酸的用量为 8.5 mL/L 浸提剂),最后用水定容。贮存于塑料瓶中。

② 锌标准液:准确称取纯金属 Zn 0.1000 g 加 1∶1 HCl 50 mL,加水溶解,转入 1 L 容量瓶中,用去离子水洗涤烧杯多次,洗液一并加入容量瓶中,到瓶中溶液冷却至室温后定容,并摇匀。此液含 Zn 为 100 mg/L。吸取含 Zn 100 mg/L 的原始标准液 5 mL,转入 100 mL 容量瓶中,用水定容,此液为含锌 5 mg/L 的标准液。

如用 $ZnSO_4$ 配制:称取 $ZnSO_4 \cdot 7H_2O$ 0.0880 g 溶于 50 mL 去离子水中,定容到100 mL;再准确吸取 2.5 mL 此标准液稀释成 100 mL。此液即为含锌 5 mg/L 的标准液。

③ 铜标准液:准确称取金属 Cu 0.1000 g,放入烧杯中,加入 1∶1 HNO_3 20 mL,使 Cu 慢慢溶解,然后放在砂浴上蒸发至干;加浓 H_2SO_4 10 mL,再小心蒸发至冒白烟,取下冷却,然后转入 1 L 容量瓶中,洗涤烧杯多次,将洗涤液并入容量瓶中,冷却到室温后定容到 1 L。此为含铜 100 mg/L 的原始标准液。再吸取 25 mL 此原始标准液,稀释 100 倍,得含铜为 25 mg/L 的标准液。

如用 $CuSO_4$ 配制:准确称取 $CuSO_4 \cdot 5H_2O$ 0.3928 g 溶于 1 mol/L H_2SO_4 溶液中,定容至 1 L,则为含 Cu 100 mg/L 的标准液。吸取此液 25 mL 稀释至 100 mL,此液为含 Cu 25 mg/L 的标准液。

④ 铁标准液:准确称取 0.1000 g 光谱纯铁丝,加入 20 mL 0.6 mol/L HCl 溶液,小心加热使之溶解,定容至 1 L,则为含 Fe 100 mg/L 的标准液。吸取此液 25 mL 稀释到 250 mL,此液为含 Fe 10 mg/L 的标准液。

⑤ 0.1 mol/L HCl 溶液:量取浓 HCl 8.28 mL 注入 1 L 容量瓶中,以水稀释到刻度。

【实验步骤】

(1) 有效锌(或铜、铁)的提取

中性、石灰性土壤用 DTPA 浸提:称取过 1 mm 尼龙筛的风干土壤 10 g 放入 150 mL 三角瓶中,加 DTPA 浸提液 20 mL,振荡机上振荡 2 h。过滤或离心后,清液直接进行测定。

酸性土用 0.1 mol/L HCl 浸提:称 10 g 风干土,加 0.1 mol/L 盐酸 100 mL 于 250 mL 三角瓶中,振荡 1.5 h。过滤或离心后,清液直接用原子吸收分光光度计进行测定。

空白溶液和标准溶液中的 Zn、Cu 用原子吸收分光光度计测定。

(2) 原子吸收测定

按照仪器要求,选择好测试条件进行测定。因仪器型号不同,其操作程序不尽相同,但基本操作大致如下：

① 安放待测元素的空心阴极灯，调到适当灯电流。

② 调节狭缝和燃烧器高度。

③ 选择好待测元素的特征波长。

④ 调节空气-乙炔流量，点火，调整火焰至所需要的工作状态。

⑤ 喷入蒸馏水，调零，进样数秒钟后达平衡，读取吸收值。取下待测液，换成蒸馏水、调零，进样。

标准曲线的绘制：取7支50 mL容量瓶，分别加入含Zn为5 mg/L标准液(或含Cu、Fe)0、0.5、1.0、2.0、4.0、6.0、8.0 mL，加与待测液体积相同的空白溶液，用去离子水定容，则浓度为0、0.1、0.2、0.4、0.6、0.8 mg/L。与待测液相同的工作条件进行测定，以吸收值为纵坐标，浓度为横坐标，绘制标准曲线。

【结果与分析】

由标准曲线上查出待测液Zn、Cu或Fe的浓度，计算样品的含Zn、Cu或Fe量

$$\omega(\text{土壤有效 Zn(Cu,Fe)含量})=\frac{c\times V\times \text{稀释倍数}}{m}$$

式中，ω：土壤有效Zn(Cu,Fe)的含量，mg/kg；c：从标准曲线上查得的Zn(Cu,Fe)的浓度，mg/L；V：上样体积，mL；m：风干样品的质量，g。

二、土壤中有效锰的测定

【实验原理】

土壤中锰含量很高，在100～5000 mg/kg之间，平均为850 mg/kg。锰的价态较多、形态复杂，主要有矿物态、易还原态、交换态、水溶态，后三者为有效态锰。当pH下降时，土壤中锰的溶解度增加，二价锰增多；pH超过6时，二价锰开始减少；pH接近中性时，形成三价锰；pH超过8时，形成四价锰，有效性降低。

氧化还原电位对锰的价态亦有影响。在还原条件下，高价锰被还原为二价锰，有效性提高；土壤通气条件好时，锰多以高价形态存在，有效性降低。水田不会缺锰，还容易出现锰中毒；而旱田则可能缺锰。表17-3为土壤有效态锰参考指标。

表17-3　土壤有效锰参考指标

土壤有效锰的含量/($mg\cdot kg^{-1}$)	锰供应水平
<50	很低
50～100	低
100～200	中等
200～300	丰富
很丰富	>300

土壤交换性锰的提取剂很多，最常用的是中性1 mol/L NH_4OAc。土壤样品与1 mol/L NH_4OAc中NH_4^+离子发生置换反应，将土壤胶体上吸附的Mn^{2+}置换下来，进入溶液。溶液中的Mn^{2+}在279.5 nm处用原子吸收分光光度法测定。

【实验设备及用品】

(1) 主要仪器设备

将原子吸收分光光度计中使用的空心阴极灯改为锰空心阴极灯,其他仪器设备同“土壤中有效铜、锌和有效铁的测定”。

(2) 试剂配制

① 1 mol/L NH_4OAc 溶液:称取分析纯 NH_4OAc 77.1 g,用 900 mL 水溶解后,再用 HOAc 或 NH_4OAc 调 pH 至 7,定容至 1 L。

② 1 mol/L NH_4OAc-对苯二酚溶液:每 1000 mL 1 mol/L NH_4OAc 溶液中加入对苯二酚(二级)2 g(使用前加入,混匀)。

③ 锰标准液:准确称取无水 $MnSO_4$(优级纯)0.2749 g,放入烧杯中,加少量水,再加浓硫酸 1 mL,转入 1L 容量瓶中,用去离子水洗涤烧杯多次,洗涤液并入容量瓶中,定容到 1 L。此为含锰 100 mg/L 的原始标准液。再将此原始标准液稀释 10 倍,得含铜为 10 mg/L 的标准液。

无水 $MnSO_4$ 制备:将 $MnSO_4 \cdot 7H_2O$ 于 150℃烘干,移入高温电炉 400℃灼烧 2 h。

【实验步骤】

① 称取相当于风干土样(1 mm)10.00 g 的新鲜土样 2 份(同时另称 1 份测定水分),分别放入 250 mL 三角瓶中,加 1 mol/L NH_4OAc 溶液 100 mL,另一个加 1 mol/L NH_4OAc-对苯二酚溶液 100 mL。在振荡机上振荡 30 min,然后放置 6 h,并时常摇动,用干燥滤纸过滤或离心。

② 滤液直接在原子吸收分光光度计上于 279.5 nm 处测定。

③ 工作曲线的制作:在 6 个 50 mL 容量瓶中,依次加入 10 mg/L 锰标准液 0、2.0、4.0、6.0、8.0、10 mL,用相应的浸提剂定容后,分别测定吸收值,并绘制标准曲线。其比色液锰的浓度分别为 0、0.4、0.8、1.2、1.6、2.0 mg/L。

【结果与分析】

$$\omega(\text{土壤交换性锰})/(\text{mg} \cdot \text{kg}^{-1}) = \frac{c_1 \times V \times \text{稀释倍数}}{m}$$

$$\omega(\text{土壤易还原性锰})/(\text{mg} \cdot \text{kg}^{-1}) = \frac{c_2 \times V \times \text{稀释倍数}}{m}$$

土壤有效锰=土壤交换性锰+土壤易还原性锰

式中,c_1:从标准曲线上求得的交换性锰的浓度,mg/L;c_2:从标准曲线上求得的易还原性锰的浓度,mg/L;V:上样体积,mL;m:风干样品的质量,mg。

三、土壤中有效钼的测定

【实验原理】

土壤全钼含量 0.1~6 mg/kg,平均为 1.7 mg/kg,土壤含钼量主要取决于成土母质和成土过程,黄土母质发育的土壤含钼量偏低,东北地区黑钙土和草甸土含钼量较高。土壤中钼形态主要有矿物态、代换态、水溶性钼和有机结合态。水溶性和代换态作物可直接吸收利用,是有效钼。有效钼以阴离子形态存在,随 pH 升高,土壤对钼的吸附能力降低,有效钼增加:pH>6 时吸附迅速减弱;pH>8 时,土壤几乎不再吸附钼。酸性土壤容易缺钼,酸性土壤施用石灰可提高土壤钼的有效性。表 17-4 为土壤有效态钼参考指标。

表 17-4　土壤有效钼参考指标

土壤有效钼的含量/(mg・kg^{-1})	钼供应水平
<0.1	很低
0.10～0.15	低
0.15～0.20	中等
0.20～0.30	丰富
>0.30	很丰富

目前,最为广泛使用的试剂为 pH 3.3 的草酸-草酸铵溶液(Tamm 溶液),该试剂具有弱酸性、还原性,还具有阴离子代换作用和络合作用,缓冲容量大,钼的浸提量与生物反应的相关性好。试剂浸提后,一般采用钼-苯羟乙酸-氯酸钠体系催化极谱法测定有效钼的含量,对草酸盐的干扰用灰化处理。由于 pH 3.3 试剂能溶解相当数量的铁铝氧化物,得到的结果往往偏高,尤其在缺钼的酸性土壤中,不能较好地反映植物需钼的真实情况,因而有人在不断探索更好的浸提剂。

常用于土壤和植物中钼测定的方法有原子吸收分光光度法、分光光度法(比色法)、等离子体发射光谱法和极谱法。采用原子吸收分光光度法测钼,因钼的原子化所需的能量高,常用的空气-乙炔火焰测钼时往往只有部分钼被原子化,测定灵敏度较低,而且碱土金属对测定也有干扰,因而一般要用氧化亚氮-乙炔高温火焰或石墨炉无焰原子化方法,才可确保灵敏度,但其过程较复杂,测定成本高,故现在该方法较少用于测钼。

【实验设备及用品】

(1) 主要仪器设备

将原子吸收分光光度计中使用的空心阴极灯改为钼空心阴极灯,其他设备同"土壤中有效铜、锌和有效铁的测定"。

(2) 试剂配制

① pH 3.3 的草酸-草酸铵溶液(Tamm 溶液):24.9 g 草酸铵($(NH_4)_2C_2O_4 \cdot H_2O$,分析纯)与 12.6 g 草酸($H_2C_2O_4 \cdot H_2O$,分析纯)溶于去离子水,定容至 1 L。酸度应为 pH 3.3,必要时可用 pH 校准。

② 钼标准液:准确称取纯氧化钼(MnO_3)0.1500 g(优级纯),加 0.1 mol/L NaOH 溶液 10 mL 溶解,加盐酸使其呈中性,转入 1 L 容量瓶中,用去离子水洗涤烧杯多次,洗液并入容量瓶中,定容,摇匀。此液含钼为 100 mg/L。吸取此含钼 100 mg/L 的原始标准液稀释 100 倍,即为含钼 1 mg/L 的标准液。

也可以用钼酸铵配制:称取钼酸铵 1.8403 g 于 500 mL 烧杯中,以少量水溶解,移入 1000 mL 容量瓶中,用水稀释至刻度,摇匀,即为 1000 mg/L 的钼标准溶液。使用时逐级稀释。

【实验步骤】

① 称取 25.00 g 风干土样(1.0 mL 尼龙筛),放入 500 mL 干燥塑料三角瓶中,加入 pH 3.3 的草酸-草酸铵溶液 250 mL,在振荡机上振荡 6～8 h 或放置过夜,用干燥滤纸过滤(事先用6 mol/L HCl 处理过)于另一干燥三角瓶中,弃去最初的 10 mL 滤液,吸取滤液进行测定。或者连续振荡

6 h 后以 3000 r/min 离心 30 min,取上层清液进行测定。

② 工作曲线：分别在 6 个 50 mL 容量瓶中依次加入 1 mg/L 钼标准溶液 0、0.5、1.0、2.0、4.0、6.0 mL,定容后,分别测定吸收值,并绘制标准曲线。其钼的浓度分别为 0、0.01、0.02、0.04、0.08、0.12 mg/L。

③ 原子吸收分光光度计参考工作条件：分析线波长 333.3 nm;狭缝宽度 0.4 nm;灯电流 3.0 mA;干燥 105℃,15 s;灰化 1400℃,20 s;原子化 2600℃,5 s;清洗 2800℃,1 s;氩气流量 0.6 L/min,进样体积 20 μL。

【结果与分析】

$$\omega(\text{土壤交换性钼})=\frac{c\times V\times \text{稀释倍数}}{m}$$

式中,ω：土壤交换性钼的含量,mg/kg;c 为从标准曲线上查得的钼的浓度,mg/L;V：上样体积,mL;m：风干样品质量,mg。

四、土壤有效硼的测定

【实验原理】

土壤中大部分硼存在于土壤矿物(如电气石)的晶体结构中。一般土壤中的硼有随黏粒和有机质含量的增加而增加的趋势。硼是一种比较容易淋失的微量元素,因此,干旱地区土壤中硼的含量一般较高,一般在 30 mg/kg 以上。而南方土壤中硼的含量较低,有的少于 10 mg/kg。土壤中水溶性硼的临界浓度视土壤种类和作物种类而异。一般以 0.3～0.5 mg/kg 作为硼缺乏的临界浓度。

溶液中硼的测定方法目前有 ICP-AES 法和比色分析法。ICP-AES 法对硼的监测限可以达到 6 ng/mL。硼的比色分析法按其显色条件可分四种：蒸干显色法、浓硫酸溶液中显色法、三元配合物萃取比色法和水溶液中显色法。

水溶液中显色法：硼与某些有机溶剂能在水溶剂中显色,其操作简便,更适宜于自动化分析,近年来得到较多的研究和应用。目前国内在土壤、植物微量硼的测定中应用较为普遍的是姜黄素法、甲亚胺比色法。

土壤有效硼的测定方法很多,目前国内外仍然普遍采用的是 Berger Troug(1939)提出的热水回流浸提法。此法将土水比为 1∶2 的悬浊液在回流冷凝管下煮沸 5 min,然后测定滤液中的硼。其他常见方法还有 1 g/L $CaCl_2\cdot 2H_2O$ 溶液回流 5 min 提取法、0.01 mol/L 甘露糖醇-0.01 mol/L $CaCl_2\cdot 2H_2O$ 溶液提取法。表 17-5 为土壤有效硼参考指标。

表 17-5 土壤有效硼参考指标

土壤硼的供应水平	轻质土壤/($mg\cdot kg^{-1}$)	黏重土壤/($mg\cdot kg^{-1}$)
充足	>0.50	>0.80
适度	0.25～0.50	0.4～0.8
不足	0～0.25	0～0.4

土样经沸水浸提 5 min,浸出液中的硼用姜黄素比色法测定。姜黄素是由姜中提取的黄色色素,以酮型和烯醇型存在,姜黄素不溶于水,但能溶于甲醇、酒精、丙酮和冰醋酸中而呈黄色,在酸

性介质中与硼结合成玫瑰红色的络合物，即玫瑰花青苷。它是两个姜黄素分子和一个硼原子络合而成，检出硼的灵敏度是所有比色测定硼的试剂中最高的（摩尔吸收系数 $\varepsilon_{550}=1.80\times10^5$），最大吸收峰在 550 nm 处。在比色测定硼时应严格控制显色条件，以保证玫瑰花青苷的形成。玫瑰花青苷溶液在硼含量 0.0014～0.06 mg/L 的浓度范围内符合 Beer 定律。溶于酒精后，在室温下 1～2 h 内稳定。

硝酸盐干扰姜黄素与硼的配合物的形成，所以硝酸盐 > 20 μg/ mL 时，必须将其除去。多量中性盐的存在也干扰显色，使有色配合物的形成减少。

【实验设备及用品】

(1) 主要仪器设备

石英（或其他无硼玻璃），三角瓶（250 或 300 mL），容量瓶（100，1000 mL），回流装置，离心机，瓷蒸发皿（ϕ7.5 cm），恒温水浴，分光光度计，电子天平（1/100）。

(2) 试剂配制

① 95%酒精（分析纯）。

② 无水酒精（分析纯）。

③ 姜黄素-草酸溶液：称取姜黄素 0.04 g 和草酸（$H_2C_2O_4\cdot H_2O$）5 g，溶于无水酒精（分析纯）中，加入 6 mol/L HCl 4.2 mL，移入 100 mL 石英容量瓶中，用酒精定容。贮存在阴凉的地方。姜黄素容易分解，最好用时当天配制。如放在冰箱中，有效期可延长至 3～4 天。

④ 硼标准系列溶液：称取 H_3BO_3（优级纯）0.5716 g 溶于水，在石英容量瓶中定容为 1 L。此为 100 mg/L 硼标准溶液，再稀释 10 倍成为 10 mg/L 硼标准贮备溶液。吸取 10 mg/L 硼溶液 1.0，2.0，3.0，4.0，5.0 mL，用水定容至 50 mL，成为 0.2，0.4，0.6，0.8，1.0 mg/L 硼的标准系列溶液，贮存在塑料试剂瓶中。

⑤ 0.5 mol/L $CaCl_2$ 溶液：称取 $CaCl_2\cdot 2H_2O$（分析纯）7.4 g 溶于 100 mL 水中。

【实验步骤】

(1) 有效硼的提取

称取过 1 mm 筛风干土样 15.00 g 置于 150 mL 石英三角瓶中，加去离子水 30.0 mL，连接回流冷凝器后，放在电热板上煮沸 5 min（可先在电炉上加热煮沸后移至电热板上）；继续保持冷凝器中冷却水的流动使之冷却，加 0.5 mol/L $CaCl_2$ 溶液 2～4 滴和一小匙活性炭（加速澄清和除去有机质），剧烈摇动，并放置约 5 min，用定量滤纸过滤入塑料容器中，至滤液清亮，也可通过离心分离出清液。

(2) 溶液中硼的测定

吸取滤液 1.00 mL（含硼量不超过 1 μg）置于瓷蒸发皿中，加入姜黄素溶液 4 mL。在 55±3℃ 的水浴上蒸发至干，并且继续在水浴上烘干 15 min 除去残存的水分。在蒸发与烘干过程中显出红色，加 95%酒精 20.0 mL 溶解，用干滤纸过滤到 1 cm 光径比色槽中，在 550 nm 波长处比色，用酒精调节分光光度计的零点。假若吸收值过大，说明硼浓度过高，应加 95%酒精稀释或改用 580 nm 或 600 nm 的波长比色。

(3) 工作曲线的绘制

分别吸取 0.2，0.4，0.6，0.8，1.0 mg/L 硼标准系列溶液各 1 mL 放入瓷蒸发皿中，加 4 mL 姜黄素溶液，按上述步骤显色和比色。以硼标准系列的浓度 mg/L 对应吸收值绘制工作曲线。

【结果与分析】

$$\omega(\text{土壤中有效硼})=2\times c$$

式中，ω：土壤中有效硼的含量，mg/kg；c：由工作曲线查得测定液中硼的质量浓度，mg/L；液土比为 2。

【注意事项】

若 NO_3^- 浓度超过 20 mg/L，对硼的测定有干扰，必须加 $Ca(OH)_2$ 使之呈碱性，在水浴上蒸发至干，再慢慢灼烧以破坏硝酸盐。用一定量的 0.1 mol/L HCl 溶液溶解残渣，吸取 1.0 mL 溶液进行比色测定。

硬质玻璃中常含有硼，所使用的玻璃器皿不应与试剂、试样溶液长时间接触。试剂试样应尽量储藏在塑料器皿中。

用本法测定硼时，必须严格控制显色条件。

蒸发显色后，应将蒸发皿从水浴中取出擦干，随即放入干燥器中，待比色时再随时取出。蒸发皿不应长时间曝露在空气中，以免玫瑰花青苷因吸收空气中的水分而发生水解，使测定结果不准确。显色过程最好不要停顿。

比色过程中，由于乙醇的蒸发损失，体积缩小，使溶液的吸收值发生改变，故应用带盖的比色杯比色，比色工作应尽可能迅速。应另作空白试验。

思　考　题

(1) 土壤微量元素铜、锌、铁、锰、硼、钼分别用什么浸提剂？分别可采用什么方法测定？

(2) 简述土壤微量元素铜、锌、铁、锰、硼、钼的临界指标。

实验 18 土壤阳离子交换量测定

——1 mol/L 中性 NH_4OAc 法，适用于酸性、中性土壤

【实验目的】

当土壤用一种盐溶液(例如 NH_4OAc)淋洗时，土壤具有吸附溶液中阳离子的能力，同时释放出等量的其他阳离子，如 Ca^{2+}、Mg^{2+}、K^+、Na^+ 等，它们称为交换性阳离子。在交换中还可能产生少量的金属微量元素以及 Fe、Al 等。Fe^{3+}(Fe^{2+})一般不作为交换性阳离子。土壤吸附阳离子的能力用吸附的阳离子总量表示，称为阳离子交换量(cation exchange capacity，简作 Q)，其数值以每千克厘摩尔(cmol/kg)表示。土壤的阳离子交换性能是由土壤胶体表面性质所决定的，由有机质的交换基与无机质的交换基所构成，前者主要是腐殖质酸，后者主要是黏土矿物。它们在土壤中互相结合着，形成了复杂的有机无机胶质复合体，所能吸收的阳离子总量包括交换性盐基(K^+、Na^+、Ca^{2+}、Mg^{2+})和水解性酸，两者的总和即为阳离子交换量。通过测定土壤阳离子交换量可以评价土壤保肥、供肥能力，为改良土壤和合理施肥提供重要的依据。

【实验原理】

用 1 mol/L 中性 NH_4OAc 淋洗土样，用 NH_4^+ 饱和土样。再用乙醇洗去多余的 NH_4^+，然后用蒸馏法测定土样交换的 NH_4^+。或用 NaCl 溶液再反代换出 NH_4^+，取溶液测定 NH_4^+。由代换的 NH_4^+ 的量计算土壤交换量。

【实验设备及用品】

(1) 主要仪器

淋洗装置(自装)，定氮蒸馏装置。

(2) 试剂配制

① 1 mol/L 中性 NH_4OAc：称 77.09 g 醋酸铵(CH_3COONH_4)，溶于 900 mL 水中，用1∶1 NH_4OH 或 1 mol/L HOAc 调 pH 为 7.0，加水至 1 L。

② 0.1 mol/L NH_4OAc：取 1 mol/L 中性 NH_4OAc，用水稀释 10 倍，配 2000 mL。

③ 95%乙醇。

④ 10%NaCl：100 g NaCl 溶于 1000 mL 水中，加浓盐酸 4 mL 酸化。

⑤ 奈氏试剂：分别配制 a 液和 b 液。

a 液. KI 35 g 和 HgI_2 45 g 溶于 400 mL 水中；

b 液. 称取 KOH 112 g 溶于 500 mL 水中，冷却。

然后将 a 液慢慢加入 b 液中，边加边搅拌，最后加水至 1000 mL，放置过夜，取上清液贮于棕色瓶中，用橡皮塞塞紧。

⑥ 2%硼酸吸收液：20 g 硼酸(H_3BO_3)溶于 1 L 水，加 20 mL 混合指示剂，用 0.1 mol NaOH 调节 pH 为 4.5～5.0(紫红色)，然后加水至 1 L。

⑦ 混合指示剂：将溴甲酚绿 0.099 g 和甲基红 0.066 g，溶于 100 mL 乙醇中。

⑧ 0.01～0.02 mol/L 标准酸（$1/2H_2SO_4$）：浓 H_2SO_4 3 mL 加入 1000 mL 水中，混匀。

标定：准确称取硼砂（$Na_2B_2O_4$）1.9068 g，溶解定容为 100 mL，此为硼砂溶液。取此液 10 mL，放入三角瓶中，加甲基红指示剂 2 滴，用所配标准酸滴定由黄色至红色止，计算酸浓度。

⑨ 铬黑 T 指示剂：取铬黑 T 0.4 g 溶于 100 mL 95%乙醇中。

⑩ 1 mol/L NaOH：取 NaOH 40 g 溶于 1000 mL 水中。

⑪ pH 10 缓冲液：1 mol/L NH_4Cl 20 mL 和 1 mol/L NH_4OH 100 mL 混合。

⑫ 氧化镁（固体）：在高温电炉中经 500～600℃灼烧 30 min，使氧化镁中可能存在的碳酸镁转化为氧化镁，提高其利用率，同时防止蒸馏时大量气泡发生。

⑬ 液态或固态石蜡。

【实验步骤】

① 取少量棉花塞进淋滤管下部，塞紧程度调节至水滤出速度为 20～30 滴/min。剪小片滤纸（稍小于管径）放在棉花上。

② 称取 5.00 g 土样，放入淋滤管内滤纸上，轻摇使土面平整，上面再放一片回形滤纸。淋滤管放在滤斗架上。加入 1 mol/L 中性 NH_4OAc 溶液使液面比管口低 2 cm。

③ 淋滤管下放一 250 mL 容量瓶承接淋洗液。另取 250 mL 容量瓶装入 200 mL 中性 NH_4OAc 溶液，剪一小于淋滤管内径但大于容量瓶口径的滤纸，贴于瓶口，将容量瓶倒立（小心，不使溶液流出），瓶口伸入淋滤管内，与管内溶液相接，则瓶口滤纸落下，自动淋洗开始。（如瓶口滤纸不下落，可用玻棒轻轻拨下。）

④ 淋洗至滤液达约 120 mL 时，取正在下滴的淋洗液检查，方法是用白瓷板接滤液 2 滴，加 pH 10 缓冲液 3 滴，加铬黑 T 于滴孔：显红色为有 Ca^{2+}，需再淋洗；显蓝色为无 Ca^{2+}，可停止淋洗。取出下面容量瓶，用水定容后，供交换性盐基总量和 Ca^{2+}、Mg^{2+}、K^+、Na^+ 测定。

⑤ 移去上面的容量瓶，用 0.1 mol/L NH_4OAc 淋洗 2～3 次，每次约用 15 mL，滤液用三角瓶或烧杯承接。

⑥ 用 95%乙醇洗土样，每次用 10～15 mL，待滤完后再加。洗两次后接取滤液用奈氏试剂检查，如有棕红色沉淀或混浊，需再洗，至滤液无 NH_4^+ 为止（奈氏试剂仅呈浅黄色）。

⑦ 将淋滤管内土样全部移入开氏瓶，接上定氮蒸馏仪，加 1 mol/L NaOH 5～10 mL，定氮蒸馏，用硼酸溶液接受，标准酸滴定，记取滴定用量（mL）。

也可以用乙醇淋洗后，取 250 mL 容量瓶接于淋滤管下口，用 10% NaCl 反淋洗交换，将土样中交换性 NH_4^+ 全部用 Na^+ 代换出来，至淋洗液中无 NH_4^+ 为止，然后取出容量瓶，用 NaCl 定容。吸取滤液 50 mL，转入开氏瓶，加 1 mol/L NaOH 2 mL，定氮蒸馏。

【结果与分析】

如果土壤样品全部蒸馏，则

$$土壤交换量/(cmol \cdot kg^{-1})=\frac{c\times V\times 100}{m}$$

如果淋洗后再用 NaCl 反淋洗交换，吸取反交换淋洗液 50 mL 进行蒸馏，则

$$土壤交换量/(cmol \cdot kg^{-1})=\frac{c\times V\times 250\times 100}{m}$$

式中，c：标准盐酸浓度，mol/L；V：滴定用标准酸体积，mL；m 为土样质量，g。

【注意事项】

① 棉花用量及塞紧程度影响淋洗速度，需仔细调整：如太少、太松，会使得淋洗过快，导致200 mL 淋洗液不够用，不易交换完全；而且土粒可能渗漏下去，造成失误；如太紧、太多，淋滤过慢，延长实验时间。

② 倒立容量瓶时，瓶口旋纸片用手指轻轻托住，倒立后再放开手指，纸片应不掉，溶液不漏。可用水练习几次，熟练掌握。

③ 由于每人淋滤速度有差异，不同土样交换性能也有差异，所以完全交换时间会有差异，以检查淋洗液无 Ca^{2+} 为准，一般淋洗液用量约 150 mL 即可。

④ 用 0.1 mol/L NH_4OAc 先洗几次是为了节约乙醇用量。用乙醇洗去多余的 NH_4OAc，必须严格掌握“洗净程度”：如洗不净，多余的 NH_4OAc 会使得测定结果偏高；反之，如洗净后还在洗，则可能使一些吸附交换的 NH_4^+ 也被洗去，还会溶解一定量的有机质而引起负误差。

用奈氏试剂检查只需查无红色或深黄色沉淀即止。如洗至后来，洗涤乙醇检查时奈氏反应颜色增深，就是因为洗涤过度。也可以用异丙醇代替乙醇洗涤。

⑤ 土样直接蒸馏法和 NaCl 反淋洗液蒸馏法各有优点，直接法步骤较简省，滴定用量较多，但如失败需从头做起。NaCl 反淋洗液蒸馏法，多一个步骤，但取部分溶液蒸馏，如失败还可重取溶液蒸馏。另外，由于交换溶液中成分不像土样中那么复杂，有机质碱解等副作用很少，因而由此造成的误差比土样直接蒸馏法少。

⑥ 也可以取反淋洗液用奈氏比色法测 NH_4^+ 量，然后计算交换量。

实验 19　土壤水溶性盐总量的测定

【实验目的】

在农田中，由于盐分的毒害，作物生长受到强烈抑制或死亡(表 19-1)。土壤中的可溶性盐分通常是指用水浸提土壤而溶于溶液中的盐分。一般包括碱金属和碱土金属的氯化物、碳酸盐、重碳酸盐、硫酸盐等，此外，还含有少量的硝酸盐、磷酸盐及可溶性有机物等营养物质。通过土壤中可溶性盐的分析，可以确定土壤中盐分的类型和含量，进而可以判断土壤的盐渍化程度和盐分动态，可以据此拟定改良利用盐碱土的措施。

表 19-1　土壤饱和浸出液的电导率 σ 与盐分和作物生长关系

饱和浸出液 $\sigma_{25℃}/(dS \cdot m^{-1})$	盐分/$(g \cdot kg^{-1})$	盐渍化程度	植物反应
0～2	<1.0	非盐渍化土壤	对作物不产生盐害
2～4	1.0～3.0	盐渍化土	对盐分极敏感的作物产量可能受到影响
4～8	3.0～5.0	中度盐土	对盐分敏感作物产量受到影响，但对耐盐作物(苜蓿、棉花、甜菜、高粱、谷子)无多大影响
8～16	5.0～10.0	重盐土	只有耐盐作物有收成，但影响种子发芽，而且出现缺苗，严重影响产量
>16	>10.0	极重盐土	只有极少数耐盐植物能生长，如耐盐的牧草、灌木、树木等

通常，用水浸液的烘干残渣量来表示土壤中水溶性物质的总量。它不仅包括矿质盐分量，尚有可溶性有机质以及少量硅、铅等氧化物。盐分总量通常是指盐分中阴、阳离子的总和。而烘干残渣量一般高于盐分总量，因而应扣除非盐分数量。此外，所测得的可溶性盐分总量还可作为验证系统分析中各阴、阳离子分量的分析结果。

一、水溶性盐总量的测定(重量法)

【实验原理】

土壤水溶性盐的测定首先要制备水浸液作为待测液，制备盐渍土水浸液的水土比有多种，例如 1∶1，2∶1，5∶1，10∶1 和饱和土浆浸出液等。另外，振荡时间和提取方式对于盐分浸出量也都有一定影响，一般来讲，水土比大的容易得到浸出液，但与田间土壤实际含水量状况差异较大。在研究水溶性盐浓度和植物生长关系时，可考虑选用近似田间情况的饱和土浆浸出液。通常是随着水土比例的增加，振荡和浸泡时间的延长，溶出量逐渐增加，造成水溶性盐分析结果的误差，因此，水土比例、振荡和浸提时间，不要随便更改，否则分析结果无法对比。本实验采用应用最广的水土比例为 5∶1 的浸提法。

烘干残渣是指取一定量的待测液，经过在 105～110℃下蒸干后，再称至恒重，也称为烘干残渣总量，它包括水溶性盐类及水溶性有机质等的总和。用 H_2O_2 除去烘干残渣中的有机质后，即为水溶性盐总量。

【实验设备及用品】

(1) 实验主要仪器

百分之一电子天平，往复振荡机，电炉，砂浴，高速离心机，真空泵，抽滤管，电导仪或双探头土壤原位盐分计(配土壤盐分探头和溶液盐分探头)。

(2) 试剂配制

15% H_2O_2。

【实验步骤】

(1) 待测液的制备

称取风干土样(1 mm)60 g，放入 500 mL 三角瓶中，用量筒准确加入 300 mL 无 CO_2 蒸馏水。用橡皮塞塞紧，在振荡机上振荡 3 min，立即用抽滤管(或漏斗)过滤，滤液贮于干燥三角瓶中。最初滤液如浑浊，应重新进行过滤，直到获得清亮的滤液为止。全部滤完之后，充分混匀，留供测定各离子含量及水溶性盐总量。

(2) 水溶性盐总量的测定

吸取完全澄清的土壤浸出液 50.0 mL，放入已知质量的瓷蒸发皿(m_0)中，在水浴上蒸干后，放入烘箱中，在 105～110℃下烘① 4 h。取出，放在干燥器中冷却约 30 min，在分析天平上称量②。再重复烘干 2 h，冷却，称至恒重(m_1)，前后两次称量之差不得大于 1 mg。计算烘干残渣总量。

在上述烘干残渣中滴加 15% H_2O_2 溶液，使残渣湿润③，再放在沸水浴上蒸干，如此反复处理，直至残渣完全变白为止，再按上法烘干后，称至恒重(m_2)。计算水溶性盐总量。

【结果与分析】

$$\omega(\text{烘干残渣总量})/(\%)=\frac{m_1-m_0}{m}\times 100$$

$$\omega(\text{水溶性盐总量})/(\%)=\frac{m_2-m_0}{m}\times 100$$

式中，m：吸取浸出液体积，相当于烘干土样质量，g。

二、土壤全盐量的电导法测定

【实验原理】

当土壤中水溶性盐含量增大时，土壤溶液的渗透压和电导率也随之增大，达到一定程度时将使作物吸收水分和养分发生困难。一般栽培作物根细胞的渗透压为 10～15 个大气压，当土壤溶

---

① 如果残渣中 $CaSO_4\cdot 2H_2O$ 或 $MgSO_4\cdot 7H_2O$ 含量较高时，在 105～110℃下，结晶水不易除尽，称量时，难以达到恒重，遇此情况，可在 180℃下烘干。如果是潮湿盐土含 $CaCl_2\cdot 6H_2O$ 和 $MgCl_2\cdot 6H_2O$ 较高时，这类化合物极易吸湿、水解，即使 180℃下烘干，也不能得到满意结果。对于这种土样，可在浸出液中先加入 10 mL 2%～4% Na_2CO_3 溶液，烘干时可生成 NaCl、Na_2SO_4、$CaCO_3$ 和 $MgCO_3$ 等沉淀，在 105～180℃下烘干 2 h，即可达到恒重。加入 Na_2CO_3 量应从盐分总量中减去。

② 由于盐分(特别是镁盐)在空气中容易吸水，故应在相同的时间和条件下冷却称量。

③ 加 H_2O_2 处理残渣时，只要残渣湿润即可，以避免 H_2O_2 分解时泡沫过多，致使盐分溅失。

液的盐浓度达到 25～50 g/L 时，渗透压相应增加到 5～15 个大气压，这时作物生长则受到不同程度的抑制，重则导致死亡。因此在盐碱土的改良、利用和保苗工作中，要经常和定期地测定土壤盐分的含量。用电导法测定土壤全盐量，操作简便，快速、耗费少，测定结果也比较准确。因此，在生产和科研工作中，如果不测定土壤和盐分组成，只需要了解土壤的全盐量时，采用电导法用于田间定位，定点测量，及时了解土壤盐分动态变化，可算是较好的方法。

土壤水溶性盐是一种电解质溶液，在水溶液中电离阴阳离子，使溶液具有导电作用，其导电能力的大小，可用电导度（亦称电导）或电导率 σ（又称比电导）表示。在一定范围内，溶液的含盐量与渗透压和电导度或电导率都呈正相关：含盐量越高，溶液的渗透压越大，电导度或电导率也越大。在实际工作中，常用一定水土比例的土壤浸出液，在电导仪上测得 25℃时的电导率（以毫姆欧/厘米，m℧ /cm 表示）[①]，然后从事先制成的电导率与土壤含盐量（%）的工作曲线上，查出土壤含盐量（%）。但也有许多人主张直接用电导率来表示土壤总盐量的高低，不必将电导率再换算成全盐量，这样既简便，又可防止制图和换算所带来的误差。

目前国内多采用 5∶1 水土比例的浸出液作电导测定，不少单位正在进行浸出液的电导率与土壤盐渍化程度及作物生长关系的指标的研究和拟定。

【实验设备及用品】

（1）主要仪器

温度计，电导仪（电导仪使用方法见仪器使用说明书），电导电极（或铂电极）。

（2）试剂配制

0.02 mol/L KCl 标准溶液：称取 105℃烘干 4～6 h 的 KCl（分析纯）1.491 g，溶于少量无 CO_2 水中，移入 1 L 容量瓶中定容。

【实验步骤】

1. 土壤浸出液的制备

选用本地区含盐量不同的土样，按 5∶1 水土比浸泡，制取待测液，具体操作参见“水溶性盐总量的测定”。

2. 标准曲线的绘制

将待测液分别以重量法和电导法测其全盐量和电导率，以含盐量（%）为横坐标，以电导率为纵坐标，绘制成 25℃下标准工作曲线。以下四个方程是中科院南京土壤研究所撰写的《土壤理化分析》一书中，电导法测定土壤全盐量四种类型盐土的相关方程，方程由大量样品统计得出，适用于 0.02%～0.5% 含盐量范围：

① 氯化物盐土：$y=3.90x+0.015$；

② 硫酸盐-氯化物盐土：$y=3.556x+0.02$；

③ 氯化物-硫酸盐盐土：$y=3.471x+0.015$；

④ 苏打盐土：$y=3.404x+0.015$；

式中，y：电导率，mV/cm；x：土壤总盐量，%。

溶液导电能力受温度影响，一般每升高 1℃，电导率增加 2%，通常把溶液电导率换算成 25℃时的电导率，在测定样品同时测定溶液温度，进行温度校正。

① 电导率 σ 的基本单位是西[门子]每米，即 S/m，1 S=1 ℧ $=\Omega^{-1}$

3. 温度校正

本仪器测得的结果是溶液的电导度，由于电导度随着温度而改变，对于大多数离子来说，每增加1℃，电导度约增加2%，所以，通常都把溶液的电导度换算成25℃时的电导度，电导度的温度校正值，可由表19-2查出。其计算公式为

$$S_{t_0}=S_e \times f_t$$

式中，S_{t_0}：溶液25℃时的电导度，S/m（西门子/米）或mS/cm；S_e：待测液的电导度，S/m或mS/cm；f_t：温度校正系数。

表19-2　电导的温度校正系数表

温度/℃	校正值	温度/℃	校正值	温度/℃	校正值	温度/℃	校正值
5.0	1.613	19.0	1.136	22.6	1.051	26.2	0.975
6.0	1.569	19.2	1.131	22.8	1.047	26.4	0.971
7.0	1.528	19.4	1.127	23.0	1.043	26.6	0.967
8.0	1.488	19.6	1.122	23.2	1.038	26.8	0.964
9.0	1.448	19.8	1.117	23.4	1.034	27.0	0.960
10.0	1.411	20.0	1.112	23.6	1.029	27.2	0.956
11.0	1.375	20.2	1.107	23.8	1.025	27.4	0.953
12.0	1.341	20.4	1.102	24.0	1.020	27.6	0.950
13.0	1.309	20.6	1.097	24.2	1.016	27.8	0.957
14.0	1.277	20.8	1.092	24.4	1.012	28.0	0.943
15.0	1.247	21.0	1.087	24.6	1.008	28.2	0.940
16.0	1.218	21.2	1.082	24.8	1.004	28.4	0.936
17.0	1.169	21.4	1.078	25.0	1.000	28.6	0.932
18.0	1.163	21.6	1.073	25.2	0.996	28.8	0.929
18.2	1.157	21.8	1.068	25.4	0.992	29.0	0.925
18.4	1.152	22.0	1.064	25.6	0.988	29.5	0.916
18.6	1.147	22.2	1.060	25.8	0.983	30.0	0.907
18.8	1.142	22.4	1.055	26.0	0.979		

3. 测定步骤

称取通过1mm筛的风干样10g，置于100mL烧杯中，加入无CO_2蒸馏水50mL，搅拌3min后，将电极插入待测液中，稍摇片刻，打开测量开关，读取电导读数，同时测量待测液温度。测定完了之后，取出电极，用水冲洗干净，再用滤纸吸干。准备下一个样品的测定。

【结果与分析】

经查表取温度校正系数(f_X)，然后计算出25℃时电导率的数值($\sigma_{25℃}$)。最后在标准曲线上查出土壤的含盐量(%)。

$$电导率\ \sigma_{25℃}=S_t \times f_t \times K$$

式中，$\sigma_{25℃}$：待测溶液25℃时的电导率，S/m或mS/cm；S_t：测得的电导值，S/m或mS/cm；f_t：温度校正系数；K：电极常数，一般已经在电导仪上进行补偿，故只需乘以校正系数即可，不需要再乘以电极常数，即电导率$\sigma_{25℃}=S_t \times f_t$。

【注意事项】

① 标准曲线的绘制：溶液的电导率不仅与溶液中盐分的浓度有关，而且与盐分的组成有关。因此要想使电导率的测定值代表土壤中的真实状况，需预先用该地区不同盐分浓度和不同盐分类型的代表样品若干个，用质量法测得总盐量，再以电导法测得的电导率为横坐标进行回归，可得回归方程。然后可以将电导率带入方程，计算出土壤总盐含量。

② 本仪器的电极常数已在仪器上补偿，故只需乘以温度校正系数，不需要再乘以电极常数。如果测定电极常数(K)，最方便的方法是利用已知电导率(σ)的标准盐溶液。然后，将待测定电极常数的电极，测定此标准溶液的电导度(S_t)，由公式 $K=S_t/f_t$ 即可求得 K 值。

表 19-3 为不同温度下，0.0200 mol/L KCl 标准溶液的电导率。

表 19-3　不同温度下 0.0200 mol/L KCl 标准溶液的电导率 σ

t/℃	σ/($dS\cdot cm^{-1}$)	t/℃	σ/($dS\cdot cm^{-1}$)	t/℃	σ/($dS\cdot cm^{-1}$)	t/℃	σ/($dS\cdot cm^{-1}$)
11	2.043	16	2.294	21	2.553	26	2.819
12	2.093	17	2.345	22	2.606	27	2.873
13	2.142	18	2.397	23	2.659	28	2.927
14	2.193	19	2.449	24	2.712	29	2.981
15	2.243	20	2.501	25	2.765	30	3.036

思　考　题

(1) 用电导法测定土壤水溶性盐总量时的注意事项有哪些?

(2) 烘干残渣法和电导法测定土壤水溶性盐总量有什么区别和联系?

实验 20 土壤水溶性盐组成的测定

【实验目的】

土壤水溶性盐主要由 8 种离子组成，其中 4 种阳离子是 Ca^{2+}、Mg^{2+}、K^{+}、Na^{+}（NH_4^{+} 和三价、四价阳离子通常含量很少），4 种阴离子是 CO_3^{2-}、HCO_3^{-}、Cl^{-}、SO_4^{2-}（NO_3^{-}、NO_2^{-}、SiO_3^{2-}、PO_4^{3-} 等一般含量极少）。盐分的组成不同，对作物生长发育的抑制和毒害作用也不一样。苏打（Na_2CO_3，$NaHCO_3$）对作物的危害很大，NaCl 次之，Na_2SO_4 相对危害较轻，土壤中水溶性镁增高时，也能毒害作物，因此在盐碱土的改良、利用、保苗以及调查和制图工作中，除了要经常和定期测定土壤总盐量以外，还要测定其组成，作为了解土壤盐渍化程度、盐碱土类型以及土壤盐分季节性动态的依据。

【实验原理】

土壤盐分的测定是按一定的水土比例，振荡一定时间，将盐分浸提出来，然后进行各项测定的。水土比例和浸提时间对于浸出液的盐分含量有直接影响，因此应选择适当的水土比例和浸提时间，虽然较小的水土比例较接近田间自然状况。例如，可以采用水土比 2.5∶1 或 1∶1 或用饱和泥浆浸出液。但这样小的水土比例将给操作带来困难，又不易得到较多的浸出液供全盐量及各离子含量的测定之用。因此，目前国内普遍采用的水土比例是 5∶1，振荡 3 min。这样做既便于操作，又不会因中溶性盐和难溶性盐的部分溶解而引起较大误差。

测定土壤水溶性盐的各个离子组成，可以计算离子的总量（8 个离子的百分数总和），以此作为全盐量。离子总量与全盐量之间的相对误差通常 $<\pm 10\%$，这是在盐分分析的允许误差范围之内的。

根据生产和科研工作对盐分测定所要求的准确度，以及对分析方法要求简易，快速。因此，本实验选定土壤盐分中各阴阳离子的测定方法如下：

CO_3^{2-} 和 HCO_3^{-}：中和滴定法（双指示剂法）。

Cl^{-}：沉淀滴定法（莫尔法）。

Ca^{2+} 和 Mg^{2+}：EDTA 滴定法。

SO_4^{2-}：EDTA 滴定法，间接计算法。

Na^{+} 或 $Na^{+}+K^{+}$：火焰光度法，间接计算法。

离子总量：计算法。

其中，测定 CO_3^{2-}、HCO_3^{-}、Cl^{-} 的方法是目前通行的，这三个离子可用同一份土壤浸出液测定。

Ca^{2+}、Mg^{2+} 的 EDTA 滴定法既准确又快速简易，近年来，在各种分析工作中已普遍采用。测定 Ca^{2+} 及 Ca^{2+}、Mg^{2+} 合量一般需要两份浸出液。

SO_4^{2-} 的测定方法很多，除准确度较高但操作冗长的 $BaSO_4$ 重量法外，其他尚有 $BaSO_4$ 比浊法、联苯胺法、四羟基醌法、醋酸钡法等。这些方法各有明显的缺点，如操作手续繁杂，滴定终点不敏锐，或者需要大量酒精，SO_4^{2-} 少时准确度或精密度较差等。离子交换法虽快速，但树脂处理也较费事。EDTA 间接滴定法比较简单快速，适于 SO_4^{2-}（5～200 mg/kg SO_4^{2-}）的测定，但钡镁混合剂的用量不易确定，对于一些碱化土测定时终点较难掌握。如果盐分中的 K^+、Na^+ 用火焰光度计法测定，则 SO_4^{2-} 也可用间接计算求得。

K^+ 和 Na^+ 的测定最好用火焰光度法。如无火焰光度计，可用间接计算法。

综上所述，本实验所选用的各离子测定方法，具有快速，经济、简单易做，又比较灵敏和准确的优点。全部分析共需 4 份 10 mL 或 25 mL 土壤浸出液，滴定时用 10 mL 或 25 mL 滴定管，相对误差约为百分之几，一般不大于 10%，可以满足一般工作要求。

测定盐分的土壤样品可用鲜样（同时测定水分），也可用通过 1 mm 或 2 mm 筛孔的风干样品。全部测定结果，均以 100 g 土所含溶质的质量分数（%）表示。

现将 8 种离子的主要测定方法原理分析简述为

(1) 测定 HCO_3^- 和 CO_3^{2-} 的中和滴定法（双指示剂法）

当浸出液中 CO_3^{2-} 和 HCO_3^- 同时存在时，溶液呈碱性反应，在用标准酸滴定时，其反应式为

$$Na_2CO_3 + HCl \longrightarrow NaHCO_3 + NaCl \quad (\text{pH8.3 为酚酞终点})$$

$$NaHCO_3 + HCl \longrightarrow NaCl + H_2CO_3 \quad (\text{pH3.8 为甲基橙终点})$$

当第一步反应完成时，因为酚酞指示剂存在，溶液由红色变为不明显的浅红色，pH 为 8.3，此时只滴定碳酸根的二分之一。当第二步反应完成时，因为甲基橙指示剂存在，溶液由橙黄色变为橘红色，pH 为 3.8。所以我们可用标准酸直接滴定含有 CO_3^{2-} 和 HCO_3^- 的溶液，根据酚酞和甲基橙指示剂的颜色变化来测定它们的含量。

滴定时如采用的标准酸是 H_2SO_4，则滴定后的溶液可以用来做后续 Cl^- 的测定。

(2) 测定 Cl^- 的沉淀滴定（莫尔法）

氯离子的测定，根据生成 AgCl 比生成铬酸银（Ag_2CrO_4）所需要的银离子浓度小得多，利用分级沉淀的原理，用 $AgNO_3$ 滴定 Cl^-，以 K_2CrO_4 作指示剂，Ag^+ 首先与 Cl^- 生成 AgCl 白色沉淀。当溶液中的 Cl^- 完全沉淀后（等当点），多余的 $AgNO_3$ 才能与 K_2CrO_4 作用生成砖红色的 Ag_2CrO_4 沉淀，表示达到终点，其反应式为

$$NaCl + AgNO_3 \longrightarrow NaNO_3 + AgCl\downarrow$$

当滴到等当点时，过量的 $AgNO_3$ 与指示剂 K_2CrO_4 作用，产生砖红色 Ag_2CrO_4 沉淀。

$$K_2CrO_4 + 2AgNO_3 \longrightarrow 2KNO_3 + Ag_2CrO_4\downarrow \ (\text{砖红色})$$

由消耗标准 $AgNO_3$ 的用量，即可计算出 Cl^- 的含量。

用 $AgNO_3$ 滴定 Cl^- 时，应在中性溶液中进行，因为在酸性溶液中，指示剂中 CrO_4^{2-} 与 H^+ 发生下列反应：

$$H^+ + CrO_4^{2-} \longrightarrow HCrO_4^{2-}$$

因而降低了 K_2CrO_4 指示剂的灵敏度，使 Ag_2CrO_4 沉淀的生成受到影响。如果在强碱性环境中，则 Ag^+ 与 OH^- 反应生成 AgOH 沉淀。而且因 AgOH 沉淀的出现，多消耗了 $AgNO_3$ 而影响测定结果。

$$Ag^+ + OH^- \longrightarrow AgOH\downarrow$$

此外，溶液中若含有 Ba^{2+}、Pb^{3+}、Fe^{3+} 及 Al^{3+} 及 CO_3^{2-}、$C_2O_4^{2-}$、PO_4^{3-}、Br^-、I^-、B 等离子时，均对测定有干扰作用，但在一般水浸液中，这些离子都很少存在。若有 CO_3^{2-} 时，可以先用酸破坏（以酚酞作指出剂）。所以测定 Cl^- 时，最好使用滴定 CO_3^{2-} 和 HCO_3^- 后的溶液。

若浸出液有颜色时，可用稀硝酸酸化后的活性炭脱色（最后以 NaOH 中和）；或者将浸出液蒸干，用 H_2O_2 氧化去除有机质颜色，再用蒸馏水溶解后进行测定。当然，用电位滴定法测定更好。

(3) 测定 Ca^{2+} 和 Mg^{2+} 的 EDTA 滴定法

EDTA 滴定法广泛应用于许多金属离子的测定。由于方法简便快速，已成为测定钙镁等离子的主要方法。EDTA 由于本身溶解度很小，所以通常普遍应用 EDTA 二钠盐，习惯上亦称 EDTA。在水溶液中很容易解离，其阴离子（Hy^{3-}）具有很强的结合能力，几乎能与所有的金属离子络合成可溶性稳定的络合物，其络合物的稳定程度，主要受氢离子浓度的影响。氢离子浓度降低时，络合物较稳定；氢离子浓度增加时，络合物趋向解离。因此，应用 EDTA 滴定与各种金属离子成络时，必须使溶液保持一定 pH，以提高 EDTA 的选择性，使反应进行完全，并且具有掩蔽作用。通常用缓冲溶液来控制酸度。在络合滴定法中，还必须选择合适的金属指示剂（其阴离子用 Hin 表示）来确定滴定终点。这种指示剂本身是一种有色的有机络合物，它能迅速地与阳离子络合成相当稳定，且呈现与指示剂本身颜色有显著不同的有色络合物（指示剂络合物）。由于这种指示剂络合物不如 EDTA 所形成的络合物稳定，所以在滴定过程中指示剂络合物中的阳离子被不断夺走；当达到等当点时，阳离子全部被 EDTA 络合而使指示剂游离出来，同时发生颜色突变以指示滴定终点。

当溶液中 Ca^{2+} 和 Mg^{2+} 同时存在时，在 pH＞12 时，Mg^{2+} 将形成 $Mg(OH)_2$ 沉淀，以钙红为指示剂，可用 EDTA 标准液直接测定钙的含量。终点由葡萄酒红色突变为纯蓝色。其反应为

加指示剂时：$Ca^{2+} + Hin^{2-} \longrightarrow CaIn + H^+$

（纯蓝色）（葡萄酒红色）

用 EDTA 滴定时：$Ca^{2+} + HY^{2-} \longrightarrow CaY + H^+$

（无色）

滴定至终点时：$CaIn^- + HY^{2-} \longrightarrow CaY + Hin^{2-}$

（纯蓝色）

由所消耗的 EDTA 标准溶液的数量，即可求出钙离子的含量。

若调节 pH 至 10，以铬黑 T 指示剂或酸性铬蓝 K 和萘酚绿 B 混合指示剂（K-B 指示剂）指示终点，用 EDTA 滴定时，即可测出钙、镁离子合量。由合量减去 Ca^{2+} 的含量，即得到 Mg^{2+} 的含量。

在 pH 为 10 溶液中，铬黑 T 和 EDTA 分别与 Ca^{2+}、Mg^{2+} 形成稳定性不同的络合物，其大小次序为

$$CaY > MgY > MgIn > CaIn$$

因此，当溶液中加入铬黑 T 指示剂时，指示剂首先与 Mg^{2+} 结合成红色络合物，而后与 Ca^{2+} 结合成红色络合物。在测定时，EDTA 先与游离的 Ca^{2+}、Mg^{2+} 结合成更稳定的络合物，然后依次夺取与指示剂络合的 Ca^{2+} 和 Mg^{2+}；当所有的 Ca^{2+}、Mg^{2+} 被全部夺取出来之后，指示剂铬黑 T 的阴离子便游离出来。此时溶液由酒红色变为纯蓝色，表示终点已到。

其反应次序为

加指示剂时：$Mg^{2+} + HIn^{2-} \longrightarrow MgIn^{-} + H^{+}$

（蓝色）　　（酒红色）

$Mg^{2+} + HY^{2-} \longrightarrow MgY^{2-} + H^{+}$

（无色）

$MgIn^{-} + HY^{2-} \longrightarrow CaY^{2-} + HIn$

（蓝色）

(4) 测定 SO_4^{2-} 的 EDTA 间接滴定法

先用过量的 $BaCl_2$ 将溶液中的硫酸根沉淀完全，过量的钡离子连同浸出液中原有的钙、镁离子，在 pH 为 10 的条件下，以铬黑 T 为指示剂，用 EDTA 滴定之。为了使终点清晰，应加入一定的 Mg^{2+}。由溶液中 Ca^{2+}、Mg^{2+} 的含量和加入的 Ba^{2+} 及 Mg^{2+} 数量中减去滴定时所消耗的 EDTA 的数量，即可求出 SO_4^{2-} 的含量。

以铬黑 T 为指示剂。在同时含有 Ca^{2+}、Mg^{2+}、Ba^{2+} 的溶液中进行络合滴定时，指示剂与 EDTA 分别与这些离子形成络合物，其稳定性的大小次序为

$$CaY > MgY > BaY > MgIn^{-} > BaIn^{-} > CaIn^{-}$$

当加入指示剂后，指示剂与 Mg^{2+} 形成比较稳定的红色络合物。当用 EDTA 滴定时，EDTA 依次与溶液中游离的 Ca^{2+}、Mg^{2+}、Ba^{2+} 络合，最后才从指示剂与镁的红色络合物中把 Mg^{2+} 夺取出来，这时指示剂中阴离子游离出来，溶液由红色变为纯蓝色，表示到达终点。

如果 K^{+}、Na^{+} 离子用火焰光度法测定，可在阳离子总和中减去 CO_3^{2-}、HCO_3^{-} 和 Cl^{-}，即为 SO_4^{2-} 含量（均以摩尔当量计算）。

(5) 测定 Na^{+} 或 $Na^{+} + K^{+}$ 的火焰光度计法

钾和钠的测定可用火焰光度计法。也可用间接计算法，如果 SO_4^{2-} 用 EDTA 间接滴定法测定后，在阴离子总量中减去 Ca^{2+}、Mg^{2+} 合量，即为 K^{+}、Na^{+} 合量。

【实验设备及用品】

(1) 主要仪器

滴定管，火焰光度计，往复振荡机。

(2) 试剂配制

① 0.02 mol/L H_2SO_4 标准溶液：参考附录二标准酸碱的配制和标定方法。

② 1%酚酞指示剂：酚酞 1 g 溶于 100 mL 95%的乙醇中。

③ 0.1%甲基橙指示剂：甲基橙 0.1 g 溶于 100 mL 水中。

④ 1∶4 盐酸溶液：1 体积 HCl 与 4 体积水混合。

⑤ 0.02 mol/L $NaHCO_3$ 溶液：称取 $NaHCO_3$ 0.42 g 溶于水中，稀释至 250 mL。

⑥ 5%铬酸钾指示剂：称取 K_2CrO_4（分析纯）5 g 溶于少量的蒸馏水中，加饱和的 $AgNO_3$ 溶液至出现红色沉淀为止，过滤后稀释至 100 mL。

⑦ 0.0300 mol/L $AgNO_3$ 标准溶液：称取干燥的分析纯 $AgNO_3$ 5.097 g 溶于蒸馏水中，转入 1 L 容量瓶中，稀释至刻度，保存于棕色瓶中。长期保存后，应用 NaCl 标定。

⑧ 2 mol/L NaOH 溶液：称取 NaOH 8 g，溶于 100 mL 无 CO_2 的蒸馏水中。

⑨ 钙红指示剂：称取钙红（$C_{21}H_{14}N_2O_7S$，2-萘酚-4-磺酸-偶氮-2-羟基-3 萘酸）0.5 g 与烘干的 NaCl 50 g 共研至极细，储于密闭棕色瓶中，用毕封好以防吸湿。

⑩ 钡镁合剂：用小烧杯称取 $BaCl_2 \cdot 2H_2O$ 1.22 g 和 $MgCl_2 \cdot 6H_2O$ 1.02 g 溶于水中，稀释定容至 500 mL 刻度。此液中 Ba^{2+} 和 Mg^{2+} 的浓度各为 0.01 mol/L，每毫升可沉淀 SO_4^{2-} 1 mg。

⑪ 0.02 mol/L EDTA 标准溶液：称取 EDTA 二钠盐 3.720 g 溶于无二氧化碳的蒸馏水中，微热溶解，冷却后定容至 1 L。用 Ca^{2+} 溶液标定，贮于塑料瓶中，备用。

标定方法：称取干燥过的分析纯 $CaCO_3$ 0.5005 g，于 500 mL 烧杯中，滴加 0.5 mol/L HCl 约 30 mL，使之溶解，盖上表玻璃，煮沸驱尽二氧化碳，然后转入 500 mL 容量瓶中定容至刻度，此液钙离子的标准浓度为 0.0200 mol/L。标定 EDTA 时，吸取 0.0200 mol/L Ca^{2+} 标准液 25 mL，按测定钙的方法进行滴定，然后计算 EDTA 的准确浓度。

⑫ pH10 的氨缓冲溶液：称取 NH_4Cl 67.5 g 溶于约 200 mL 水中，加 570 mL 新开瓶的浓氨水(密度 0.90 g/mL，含 NH_3 25%)，加水稀释至 1 L，注意防止吸收空气中的 CO_2。

⑬ 铬黑 T 指示剂：称取铬黑 T 0.5 g 与干燥的 NaCl 100 g 共研至极细，贮于密闭棕色瓶中，用后塞紧。注意，防止吸湿。

⑭ K-B 指示剂：称取酸性铬蓝 K 0.5 g，萘酚绿 B 1 g，与干燥的 NaCl 100 g。先将 NaCl 研细，然后加入指示剂再充分研细，储于棕色瓶中，密封保存。

【实验步骤】

1. 浸出液的制备

称取风干土样 50 g 放入 500 mL 三角瓶中。用量筒准确加入 300 mL 去离子水(无 CO_2)，加塞，摇荡 3 min，过滤于干燥三角瓶中。最初的滤液如浑浊，应重新过滤，直到滤液清亮为止。全部过滤完后，将滤液充分摇匀，供测定各离子及水溶性盐总量用。

较难滤清的土壤悬浊液，可用皱折的双层紧密滤纸反复过滤。也可试用加明胶或盐溶液(已知浓度)的方法使土壤胶粒凝聚后过滤，但需注意明胶的质量和用量适当。碱化土壤和含盐量低的黏土悬浊液，可用细菌过滤器(素陶瓷中孔吸管)抽滤。

2. CO_3^{2-}、HCO_3^-、Cl^- 的测定

(1) CO_3^{2-} 的测定

吸取土壤浸出液 25.00 mL(体积小，可根据含盐量高低酌情增减)放入 150 mL 三角瓶中，加酚酞 1 滴。如溶液不现红色，表示无 CO_3^{2-} 存在；如现红色，则用 0.02 mol/L H_2SO_4 标准溶液滴定，随滴随摇，直至红色不明显(pH 8.3)为止。记录消耗标准 H_2SO_4 溶液的体积 V_1(毫升数)，浓度为 c(mol/L，即每升溶液中所含溶质的摩尔数)。

(2) HCO_3^- 的测定

在以上试液中加甲基橙指示剂 2 滴，继续用 0.02 mol/L H_2SO_4 标准溶液滴定至溶液刚由黄色变为橙红色(pH 3.8)为止。记录此段滴定所消耗标准 0.02 mol/L H_2SO_4 的体积 V_2。

(3) Cl^- 的测定

向试液中滴加 0.02 mol/L $NaHCO_3$(约 3 滴)使溶液变为纯黄色(pH 约为 7)。然后加 5% K_2CrO_4 指示剂 5 滴，再用 0.03 mol/L $AgNO_3$ 标准液滴定，直至生成的砖红色沉淀不再消失为止。记录消耗 $AgNO_3$ 标准液的体积 V_{Ag}、浓度为 c_{Ag}。

3. Ca^{2+} 和 Mg^{2+} 的测定

(1) Ca^{2+} 的测定

吸取土壤浸出液 25 mL，放入 150 mL 三角瓶中。如 CO_3^{2-} 或 HCO_3^- 含量较高，应照测定 CO_3^{2-} 和 HCO_3^- 时所消耗的酸的量，加入等当量的 1∶4 的 HCl，使之酸化，并煮沸以除去 CO_2。如果 CO_3^{2-} 和 HCO_3^- 含量很低，则可省去此步骤。

在冷却的浸出液中，加入 2 mol/L NaOH 约 2 mL，用试纸检查 pH 为 12～14。摇匀后加钙红指示剂或 K-B 指示剂少许(约 25～50 mg)，其量以使溶液呈明亮红色为度。摇匀后立即用 0.02 mol/L EDTA 标准溶液滴定，至溶液由酒红色突变为纯蓝色为终点①。记录消耗 EDTA 标准溶液的体积 V_1。

(2) Ca^{2+}、Mg^{2+} 含量的测定

另取浸出液 5 mL，放入 150 mL 三角瓶中，滴加氨缓冲溶液 1 mL，边加边摇匀，并用试纸检查 pH 调整至 10。摇匀后加铬黑 T 或 K-B 指示剂少许(约 25～50 mg)，充分摇匀，立即用 EDTA 滴定至由红色突变为纯蓝色，近终点时缓慢滴定②，记录所用 EDTA 标准溶液的体积 V_2。

4. SO_4^{2-} 的测定——EDTA 间接法

(1) 样品测定

吸取土水比为 1∶5 的土壤浸出液 25.00 mL 于 150 mL 三角瓶中，加 HCl(1∶4)5 滴，加热至沸，趁热用移液管缓缓地准确加入过量 25%～100% 的钡镁混合液(5～10 mL)。继续微沸 5 min，然后放置 2 h 以上。

加 pH 10 缓冲液 5 mL，加铬黑 T 指示剂 1～2 滴，或 K-B 指示剂 1 小勺(约 0.1 g)，摇匀。用 EDTA 标准溶液滴定由酒红色变为纯蓝色。如果终点前颜色太浅，可补加一些指示剂，记录 EDTA 标准溶液的体积 V_1。

(2) 空白标定

取 25 mL 水，加入 HCl(1∶4)5 滴，钡镁混合液 5 mL 或 10 mL(用量与上述待测液相同)，pH 10 缓冲液 50 mL 和铬黑 T 指示剂 1～2 滴或 K-B 指示剂一小勺(约 0.1 g)，摇匀后，用 EDTA 标准溶液滴定由酒红色变为纯蓝色，记录 EDTA 溶液的体积 V_2。

5. Na^+ 和 K^+ 的测定

火焰光度法：用在 105～110℃下烘干的分析纯 NaCl 和 KCl 配制成 500 mg/L 的 K^+、Na^+ 混合标准溶液，贮于塑料瓶中，测定时配成 3、5、10、15、20、25、30、50 mg/L 的 Na^+、K^+ 混合标准液，与浸出液同在火焰光度计上测得读数，绘制工作曲线。然后将浸出液测得的读数从曲线上查得 Na^+、K^+ 的浓度，再计算土壤中 Na^+、K^+ 的含量。

6. 离子总量的计算

土壤水溶性盐的总量的测定主要通过计算而得。

---

① 滴定时，由于 Mg-铬黑 T 螯合物与 EDTA 的反应，在室温时不能瞬间完成。故近终点时必须缓慢滴定，并充分摇动，否则易过终点；如果将滴定溶液加热至 50～60℃(其他条件上)，则可以常速进行滴定。

② 测定钙时，碱化后不宜久放，须及时滴定，否则溶液能吸收 CO_2，以至于有析出 $CaCO_3$ 沉淀的可能。当 Mg^{2+} 较多时，往往会使 Ca^{2+} 的结果偏低几个百分点，因为 $Mg(OH)_2$ 沉淀时会携带一些 Ca^{2+}，被吸附的 Ca^{2+} 在到达终点后，还能逐渐进入溶液而使溶液自行恢复红色，遇此种情况，应补加少许 EDTA 溶液并记入 V_1 之中。

【结果与分析】

1. CO_3^{2-}、HCO_3^-、Cl^- 含量的计算

(1) CO_3^{2-}、HCO_3^- 含量的计算

$$\text{土壤中水溶性 } CO_3^{2-} \text{ 含量}/(\text{cmol}\cdot\text{kg}^{-1})=\frac{2V_1\times c\times ts}{m}\times 100$$

$$\omega(\text{土壤中水溶性 } CO_3^{2-})/(\text{g}\cdot\text{kg}^{-1})=\frac{1}{2}CO_3^{2-}\text{ 含量}/(\text{cmol}\cdot\text{kg}^{-1})\times 0.0300$$

$$\text{土壤中水溶性 } HCO_3^- \text{ 含量}/(\text{cmol}\cdot\text{kg}^{-1})=\frac{(V_2-2V_1)\times c\times ts}{m}\times 100$$

$$\omega(\text{土壤中水溶性 } HCO_3^-)/(\text{g}\cdot\text{kg}^{-1})=HCO_3^-\text{ 含量}(\text{cmol/kg})\times 0.0610$$

式中，V_1：酚酞指示剂达终点时消耗的 H_2SO_4 体积(此时碳酸盐只是半中和，故 $2\times V_1$)，mL；V_2：溴酚蓝为指示剂达终点时消耗的 H_2SO_4 体积，mL；c：$1/2H_2SO_4$ 标准溶液的浓度，mol/L；ts：分取倍数；m：烘干土样质量，g；0.0300 和 0.0610：分别为 $1/2CO_3^{2-}$ 和 HCO_3^- 的摩尔质量，kg/mol。

(2) Cl^- 含量的计算

$$\text{土壤中 } Cl^- \text{ 含量}/(\text{cmol}\cdot\text{kg}^{-1})=\frac{c_{Ag}\times V_{Ag}\times ts}{m}\times 100$$

$$\omega(\text{土壤中 } Cl^-)/(\text{g}\cdot\text{kg}^{-1})=Cl^-\text{ 含量}/(\text{cmol}\cdot\text{kg}^{-1})\times 0.03545$$

式中，V_{Ag}：消耗 $AgNO_3$ 标准液体积，mL；c_{Ag}：$AgNO_3$ 的浓度，mol/L；0.03545：Cl^- 的摩尔质量，kg/mol。

2. Ca^{2+}、Mg^{2+} 的含量的计算

$$\omega(\text{土壤水溶性钙}(Ca^{2+}))/(\text{g}\cdot\text{kg}^{-1})=\frac{c_{Ca^{2+}}\times 50\times ts\times 10^{-3}}{m}$$

$$\text{土壤水溶性钙}\left(\frac{1}{2}Ca\right)\text{含量}/(\text{cmol}\cdot\text{kg}^{-1})=\frac{\omega(Ca^{2+})/(\text{g}\cdot\text{kg}^{-1})}{0.020}$$

$$\omega(\text{土壤水溶性镁}(Mg^{2+}))/(\text{g}\cdot\text{kg}^{-1})=\frac{c_{Mg^{2+}}\times 50\times ts\times 10^{-3}}{m}$$

$$\text{土壤水溶性镁}\left(\frac{1}{2}Mg\right)\text{含量}/(\text{cmol}\cdot\text{kg}^{-1})=\frac{\omega(Mg^{2+})/(\text{g}\cdot\text{kg}^{-1})}{0.0122}$$

式中，$c(Ca^{2+})$或(Mg^{2+})：Ca^{2+} 或 Mg^{2+} 的质量浓度，μg/ mL；ts：分取倍数；50：待测液体积，mL；0.020 和 0.0122：$1/2Ca^{2+}$ 和 $1/2Mg^{2+}$ 的摩尔质量，kg/mol；m：土壤样品的质量，g。

3. SO_4^{2-} 的含量的计算

$$\text{土壤中水溶性}\left(\frac{1}{2}SO_4^{2-}\right)\text{含量}/(\text{cmol}\cdot\text{kg}^{-1})=\frac{c_{EDTA}\times(V_2+V_3-V_1)\times ts\times 2}{m}\times 100$$

$$\omega(\text{土壤水溶性 } SO_4^{2-})/(\text{g}\cdot\text{kg}^{-1})=\frac{1}{2}SO_4^{2-}\text{ 含量}(\text{cmol/kg})\times 0.0480$$

式中，V_1：待测液中原有 Ca^{2+}、Mg^{2+} 以及 SO_4^{2-} 作用后剩余钡镁剂所消耗的总 EDTA 溶液的体积，mL；V_2：钡镁剂(空白标定)所消耗的 EDTA 溶液的体积，mL；V_3：同体积待测液中原有 Ca^{2+}、Mg^{2+} 所消耗的 EDTA 溶液的体积，mL；c_{EDTA}：EDTA 标准溶液的浓度，mol/L；ts：分取倍数；m：烘干土样质量，g；0.0480：$1/2\ SO_4^{2-}$ 的摩尔质量，kg/mol。

应予注意的是，由于土壤中 SO_4^{2-} 含量变化较大，有些土壤 SO_4^{2-} 含量很高，可通过以下方式判断所加沉淀剂 $BaCl_2$ 是否足量：$V_2+V_3-V_1=0$，表明土壤中无 SO_4^{2-}；$V_2+V_3-V_1<0$，表明操作错误；如果 $V_2+V_3-V_1=A(\text{mL})$，$A+A\times25\%\leqslant$所加 $BaCl_2$ 体积，表明所加沉淀剂足量；$A+A\times25\%>$所加 $BaCl_2$ 体积，表明所加沉淀剂不够，应少取待测液，或者多加沉淀剂重新测定 SO_4^{2-}。

4. Na^+、K^+ 的含量的计算

$$\omega(\text{土壤水溶性 } K^+(Na^+))=\frac{c_{K^+}(c_{Na^+})\times50\times ts\times10^{-3}}{m}$$

式中，ω：土壤水溶性 $K^+(Na^+)$ 含量，g/kg；$c_{K^+}(c_{Na^+})$：从标准曲线上查得的 $K^+(Na^+)$ 的质量浓度，μg/mL；ts：分取倍数；50：待测液体积，mL；m：烘干样品质量，g。

5. 离子总量的计算

$$\omega(\text{土壤水溶性盐总量})/(\text{g}\cdot\text{kg}^{-1})=\sum_{i=1}^{8}\omega_i$$

（即8个离子质量分数(g/kg)之和）

表 20-1、20-2 和 20-3 列出的允许误差的指标可供参考。

表 20-1　全盐量与离子总量之间的允许误差

全盐量范围/(%)	<0.05	0.05～0.2	0.2～0.5	>0.5
允许误差/(%)	−25～+20	−20～15	−15～10	−10～+5

$$\text{允许误差}/(\%)=\left(\frac{\text{离子总量}-\text{全盐量}}{\text{全盐量}(\%)}\right)\times100$$

表 20-2　全盐量两次测定的允许偏差

全盐量范围/(%)	<0.05	0.05～0.2	0.2～0.5	>0.5
允许偏差/(%)	15～20	10～15	5～10	<5

$$\text{允许偏差}/(\%)=\left(\frac{\text{测定值}-\text{平均值}}{\text{平均值}}\right)\times100$$

表 20-3　各离子两次测定的允许偏差

离子含量范围/(cmol·kg^{-1})	<0.05	0.05～0.2	0.2～0.5	>0.5
允许偏差/(%)	10～15	5～10	3～5	<3

思 考 题

(1) 土壤水溶性盐主要有哪些成分？

(2) 土壤水溶性盐组成中，哪种离子对作物的危害最大？各离子危害如何排序？

下　篇

肥料学实验

实验21 化学肥料的定性鉴定

【实验目的】

一般化肥出厂时在包装上都标明该种肥料的名称、成分、含量等，一般说来不需要再做定性检查。但在肥料的运输和贮存过程中常因包装不好，贮存管理不当可能发生混杂。另外，不法商贩以次充好，以假乱真，我们更应警惕。在不明成分的情况下进行施肥是有很大风险的，有可能造成严重损失。为鉴别真伪，确保安全，充分发挥肥料的效果，掌握无机肥料鉴定的知识和方法是很有必要的。

【实验原理】

由于肥料具有一定的物理与化学性质，所以它们不仅有物理现象的变化，而且还能与某些化学试剂发生特定的化学反应。根据肥料的物理特性并结合化学方法，就能将它们明确鉴定出来。

【实验设备及用品】

① 10%HCl：将 HCl 237 mL 加到 1000 mL 容量瓶中，用蒸馏水稀释至刻度。

② 10%NaOH：NaOH 10 g 加 90 蒸馏水溶解，然后加水至 100 mL。

③1%$AgNO_3$：$AgNO_3$ 1 g 溶于 100 mL 蒸馏水中。

④ 5%$BaCl_2$：$BaCl_2$ 5 g 溶于 100 mL 蒸馏水中。

⑤ 35%亚硝酸钴钠：亚硝酸钴钠 35 g 溶于水，加 2.5 mL 冰醋酸，加水至 100 mL。

⑥ 钼酸铵试剂：分为钼试剂 A 和钼试剂 B。

a. 钼试剂 A：用烧杯将 100 mL 蒸馏水加热至 60℃以上，放入钼酸铵 10 g，用玻璃棒搅动使其溶解，冷却后过滤于棕色细口瓶内，并加入浓 HCl 200 mL 及水 100 mL，摇匀。此溶液为钼试剂 A，置于暗处保存备用。

b. 钼试剂 B：将钼试剂 A 稀释 5 倍。

⑦ 2.5%$SnCl_2$-甘油溶液：称取 $SnCl_2 \cdot 2H_2O$ 2.5 g，加入浓 HCl 10 mL，加热促其溶解（如混浊应过滤），再加甘油 90 mL，摇匀，贮于棕色瓶中，存放暗处。一般可存放半年左右。

⑧ 纳氏试剂：有两种配制方法。

a. 取 HgI 15 g 加 KI 10 g，溶于 80 mL 50% NaOH 溶液中，加水至 500 mL，放置 24 h 后，用倾泻法除去沉淀。

b. 取 KI 5 g 溶于 15 mL 水中，加饱和 HgI(5.7%)至出现沉淀为止，再加入 50% KOH 或 NaOH 溶液 40 mL，稀释至 100 mL。

⑨ 浓 HNO_3。

⑩ 饱和草酸钙：将草酸钙加入盛有 200 mL 水的烧杯中，不断搅拌，直至不溶为止，并使溶液底部有少量草酸钙。

⑪ 硝酸试粉：分别称取 $BaSO_4$ 10 g、$MnSO_4 \cdot H_2O$ 1 g、Zn 粉 0.2 g、柠檬酸 7.5 g、对氨基苯磺酸 0.4 g、甲萘胺 0.2 g。将 $BaSO_4$ 分成 4 份，分别与 $MnSO_4$、Zn 粉、对氨基苯磺酸、甲萘胺磨成粉末。然后将 4 份粉末充分混匀，最后与磨细的柠檬酸充分混合，配好的硝酸试粉为灰色，装

入棕色瓶中避光保存。若变为粉红色，表示已经失效，不能再用。

【实验步骤】

1. 肥料物理性质鉴定

(1) 外形观察

主要是对肥料颜色和形状的观察。

① 颜色：不同的肥料，随其成分不同，颜色有一定的差异。

氮肥：大部分为白色，但石灰氮是黑色。

钾肥：一般呈白色，但草木灰为灰白色。

磷肥：颜色上有差别，随产地和吸湿情况而不同。如过磷酸钙一般为灰白色，三料磷肥为深灰色，磷矿粉则为土灰色或土黄色。

钙肥：白色，如石膏、石灰等。

② 形状：肥料的形状大致分为两类，结晶状和非结晶状。

氮肥和钾肥：氮肥中如尿素、硫酸铵、氯化铵、硝酸铵和碳酸氢铵等都是结晶状，只有石灰氮例外；钾肥中的氯化钾、硫酸钾等也都是结晶状，但草木灰、窑灰例外。

磷肥和钙肥：都是非结晶状的粉末或颗粒，看不到细碎的、闪亮的晶面。

(2) 溶解度

除通过外形观察进行肥料的初步鉴定外，还可根据溶解性这一重要性质来区分。

氮肥和钾肥中结晶状的都溶于水；在磷肥中，三料磷肥易溶于水，而过磷酸钙只部分溶于水；钙肥则不溶于水。

具体做法是：用药匙取少许肥料样置于试管中，加 1/3 水振摇，促进其溶解，观察其溶解情况。溶解的样品勿弃，留作后续化学鉴定之用。

2. 肥料的化学性质鉴定

(1) 阳离子鉴定

① NH_4^+ 和 K^+ 的鉴定：如果肥料样品是白色结晶，则可肯定此肥料不是氮肥就是钾肥。因此只需鉴定其中是含 NH_4^+ 还是含 K^+ 就可以了。

将肥料样品溶液分装几个试管，每支试管约 5～10 mL。取一试管，滴入 1～2 滴纳氏试剂。若有红棕色沉淀产生，证明肥料中含有 NH_4^+。

若无反应，再取另一支试管，滴入 1～2 滴亚硝酸钴钠。若出现黄色沉淀，则证明有 K^+ 存在。

② 钙离子(Ca^{2+})：若样品为非结晶状粉末，则考虑是否为钙肥。在装有 5～10 mL 肥料样品溶液的试管中，滴加 3～4 滴饱和草酸铵，若出色白色沉淀，证明有 Ca^{2+} 存在。

(2) 阴离子鉴定

① NO_4^- 离子：取肥料样品溶液 5～10 mL 于试管中，加 0.2 g 硝酸试粉并振摇 1 min。有玫瑰红色出现，则证明有 NO_3^- 存在。

② SO_4^{2-} 离子：取肥料样品溶液 5～10 mL 于试管中，滴加 1% $BaCl_2$ 溶液 2～3 滴。若出现白色沉淀且滴入 HNO_3 不溶解，证明有 SO_4^{2-} 存在。

③ Cl^-：取肥料样品溶液 5～10 mL 于试管中，滴加 1% $AgNO_3$ 溶液 2～3 滴。若出现絮状白色沉淀，且滴入 HNO_3 不溶解，证明有 Cl^- 存在。

④ 磷酸根离子($H_2PO_4^-$ 和 HPO_4^{2-})：取肥料样品溶液 5～10 mL，滴入 2～3 滴钼酸铵溶液。

摇匀后再滴入 1～2 滴 $SnCl_2$，摇匀。若出现蓝色则证明有磷存在。

⑤ CO_3^{2-}：取肥料样品溶液 5～10 mL 于试管中，滴加 10%盐酸，边滴边观察。若有气泡不断产生，就证明有 CO_3^{2-} 存在。

(3) 尿素的检查

尿素属有机态，不能发生上述无机反应。尿素溶液能与浓硝酸作用，生成硝酸脲白色细小结晶。

取少量肥料样品于表玻璃上，加少量水使其溶解，滴加 2～3 滴浓硝酸。若表玻璃透明溶液中出现白色细小结晶，证明此肥料为尿素。

【注意事项】

① 实验中应注意离子间的干扰现象。例如，K^+ 与 NH_4^+ 都能与亚硝酸钴钠作用，产生黄色沉淀。若滴加亚硝酸钴钠有沉淀产生，不足以证明是钾离子。应再取试样于另一试管中，滴入纳氏试剂，看是否有沉淀产生。若有则是 NH_4^+，若无则是 K^+。

又如，在鉴别 SO_4^{2-} 和 Cl^- 时，也会受到干扰。若试样中滴入 $BaCl_2$，有白色沉淀，这时不能肯定 SO_4^{2-} 的存在，因为 $BaCO_3$ 也是白色沉淀。应再滴加硝酸，$BaCO_3$ 会随之消失；若仍存在，不溶于硝酸，则为 $BaSO_4$。Cl^- 的鉴定与上类似。

② 实验中应注意取样药匙，不要沾染了其他试样。

思 考 题

(1) 化学肥料的定性鉴定中，氮磷钾分别采用哪些物理、化学方法鉴别？

(2) 如果遇到“掺假”而含量不足的化肥时，是否还可以采用这种定性鉴定的方法？请说明原因。

实验 22　作物缺素症状的形态诊断

【实验目的】

随着我国农作物、蔬菜和果品等生产发展的需要，通过观察作物长势、出现的失绿、斑点、枯死等症状来判断作物营养状况，从而决定是否施肥，施用何种肥料来提高产量和品质，已成为当前农业生产上重要的研究课题。多年来，人们在植物营养研究中积累的大量资料，内容包括土壤养分状况，植物必需元素的含量、分布和主要生理功能以及典型的营养失调症状等，对农业生产上合理施肥具有实用价值。

本实验主要是学习通过观察作物的形态对作物的营养状况进行初步判断。

【实验原理】

1. 植物营养及施肥理论

(1) 植物生长必需和有益的元素

植物体内含量大于千分之一的元素称为大量元素，生长发育必需的大量元素有 C、H、O、N、P、K、Ca、Mg、S 等；含量小于千分之一的元素称作微量元素，必需的微量元素有 Fe、Mn、Zn、Cu、Mo、B、Cl 和 Ni 等，共 17 种。此外，某些元素对植物的生长发育是有益的，如 Si、Na、Co 和 V 等。

(2) 植物根系吸收土壤养分的途径

目前认为，植物根系吸收养分的途径主要是质流和扩散。质流就是溶解在土壤溶液中的养分，随着植物吸水过程，将溶质运向根系而被吸收，如 Ca^{2+}、Mg^{2+}、NO_3^-、SO_4^{2-} 等；而扩散则是由于植物根系吸收某些离子以后，在根际土壤中形成浓度梯度，通过从高浓度向低浓度的扩散而将养分运向根系，如 NH_4^+、PO_4^{3-}、K^+ 以及大多数金属微量元素。

(3) 营养元素含量与生长的关系

植物正常生长发育所需要营养元素的量，有一定的限度。当所需养分不足时，生长发育将受到抑制；超过适宜量时，植物对养分奢侈吸收，养分含量即使再增加，生长量不再增加；而过量供应时，植物将遭受毒害。

(4) 农作物大量元素的临界范围

农作物正常的氮含量为干物质质量的 1%～5%；磷为 0.2%～1.1%；钾为 0.5%～5%；钙为 0.2%～1.2%；镁为 0.04%～0.5%；硫与磷含量相近，平均为 0.25%左右。这些营养元素含量因作物种类、器官和发育阶段而不同。

(5) 农作物微量元素的临界范围

一般植物地上部含铁量为 50～250 mg/kg，锰为 20～500 mg/kg；当含量＞1000 mg/kg 时，植物将遭受毒害。正常的含铜量为 5～20 mg/kg；当含量＞20 mg/kg 则可能出现毒害。钼含量极微，正常含量仅为 0.1～0.5 mg/kg；但植物含钼量变幅很大，且毒害浓度不很明确，牧草中钼含量＞15 mg/kg 时，牛吃这种草则会发生中毒。正常的含硼量为 20～100 mg/kg，大多数植物含硼量＜15 mg/kg 时就会出现硼不足的反应；超过 200 mg/kg 时则会出现毒害。氯的正常含量为 0.02% 左右，但植物含氯量变幅较大。

(6) 营养元素在植物体内的含量和分布

植物的茎叶中比根系中含有更多的氮、钾、钼以及磷。根系内铁、锰、锌和铜的含量比茎叶要高。钙和镁在地上部和地下部的含量相差不大。

(7) 植物根组织内钾、钙的含量和分布

植物根内不同组织含钾量不同。从根的横切面看,表皮层向内部逐渐增加。钙的分布规律正好与钾相反,是从表皮层向内部逐渐减少。

2. 必需营养元素的营养失调症状

(1) 氮素营养

氮是植物体内蛋白质、酶和许多种活性物质的主成分。一般植株缺氮症状首先出现在下部叶片。叶色由淡绿发展到淡黄、橙黄或黄红,植株矮小直立,早衰。氮素过量将引起作物徒长,贪青晚熟,易受病虫害。

水稻缺氮的田间景观:氮素供应不足时,作物群体颜色褪淡,下部叶枯黄,绿叶少,植株矮小,直立,分蘖少,成熟期提早,表现早衰,穗小且少,籽粒不饱满。

大麦:下部叶片淡黄,中部叶片的叶尖发黄并逐渐向叶基部扩展,新叶保持绿色而挺直。

玉米:下部叶片出现典型的缺氮症状。叶尖发黄,逐渐沿中脉扩展成倒"V"字形,中脉发红,中部叶片色淡绿。

油菜:植株矮小,下部叶黄红,根系长,分枝根量少,色淡。

萝卜:下部老叶黄色,叶脉发红,中部叶从叶缘开始褪色,植株矮小。

(2) 磷素营养

磷以多种方式参与植物的生命活动,参与细胞中结构成分的构成、能量转换并作为代谢中活性化合物发挥作用。缺磷植株一般矮小僵直,分蘖少,或分支少,下部茎叶暗绿色或紫红色,生长发育延迟。开花结果少,籽粒不饱满,空瘪率高。磷素过量时,容易造成锌、铁或钾的缺乏。

水稻缺磷的田间景观:生长迟缓,不封行,稻苗矮小僵直,稻丛基部暗紫色。

水稻缺磷:稻丛基部紫色直立,分蘖少或不分蘖,叶色暗绿,老叶焦枯,迟迟不抽新叶,俗称"僵苗"。

大麦缺磷:老叶叶尖焦枯,由叶顶端向基部发展,色泽暗紫、深黄到暗绿色。

黄瓜缺磷:新叶呈暗翡翠绿色,叶片平展,扩展速度很慢,老叶有明显暗紫红色斑块。

(3) 钾素营养

钾在植物体内主要以离子形态存在,起着调节渗透浓度、平衡阴离子和活化多种酶的重要作用,还可调节植物体内水分状况。缺钾时下部老叶首先出现症状,叶尖和叶缘以及脉间失绿黄化,发展至焦枯灼烧状。叶片有褐斑,柔软下披。根系生长不良,色泽黄褐早衰。瘪粒多。

水稻缺钾:叶片披散,下部老叶沿叶尖、叶缘焦枯并逐渐扩散成"V"字形,老叶片上有棕褐色斑点。

大豆缺钾:叶尖和叶缘失绿变黄,并逐渐向内发展,叶片脉间突起皱缩,叶片前端向下卷曲。

葡萄缺钾:果实色泽浅,籽粒小且少。

烟草缺钾:叶片小,叶尖端黄化,叶脉间失绿发黄,有褐色坏死斑点。

(4) 钙素营养

钙在植物体内突出的作用是影响细胞膜的形成、结构和稳定性,以及影响细胞核和染色体的行为。此外,还调节着许多代谢酶的活性。缺钙的植株一般生长矮小,茎、根的生长点出现凋萎或坏死。幼叶变形,叶缘呈不规则的锯齿状,叶尖相互黏边,成弯钩,新叶抽出困难。早衰,结实少或不结实,并常伴随铝、铁、锰的毒害。钙过量可能引起或加重铁、锌和硼的缺乏。

水稻缺钙:心叶凋萎、枯死。

玉米缺钙:叶缘黄化呈不规则的破裂状,抽出的新叶顶端不易展开,卷曲呈鞭状,叶间相互粘连。

大豆缺钙:幼苗顶部焦枯,生长点和新叶凋萎死亡。

番茄缺钙:果实顶部出现圆形的腐烂斑块,呈水浸渍状,黑褐色,向内陷入。

大白菜缺钙:心部呈现干死状,心叶浅褐色,叶缘焦枯坏死,不易包心结球。

(5) 镁素营养

镁是植物叶绿素的组成成分。在染色体的结构、遗传信息的传递上起着重要作用,是许多酶的活化剂,并参与脂肪和蛋白质的合成。当作物缺镁时,中下部叶片症状较明显,叶色褪淡,脉间失绿,呈清晰的绿色网状脉纹。单子叶植物叶片上有串珠状斑点,双子叶植物叶片上有紫色斑块。

油菜缺镁:叶色呈黄紫色与绿紫色相间的花斑叶。

大麦缺镁:脉间失绿,叶脉有似串珠状斑点相连。

大豆缺镁:脉间失绿有凸起或皱缩,叶脉仍保持绿色,脉纹清晰。

葡萄缺镁:基部叶片的叶脉发紫,脉间黄白色,部分灰白色,中部叶脉绿色,脉间黄绿色。

(6) 硫素营养

硫在植物体内蛋白质合成上起重要作用,是几种主要氨基酸的成分,也是一些生物活性物质的成分,并且还参与某些酶的活化过程。缺硫的植株一般发僵,植物上部叶失绿黄化。双子叶植物较老的叶片出现紫红色斑块,开花期和成熟期推迟,结实率低,子实不饱满,在强还原条件下可导致硫化氢毒害,根系发黑坏死。

玉米缺硫:心叶呈均一的黄色,叶尖特别是叶基部有时保持绿色或浅绿色,老叶基部发红。

大豆缺硫:缺硫植株的中上部叶片色泽褪淡,心叶均一黄化,叶脉与脉间同时失绿。

油菜缺硫:叶色浅绿,花少而小,结实延迟。

(7) 铁素营养

铁在植物体中直接或间接地参与叶绿素的合成,并且在一些重要的活性物质和一些含金属酶中有活性成分和活化剂的作用。植株缺铁时,一般顶端或幼叶失绿黄化,脉间失绿发展至全叶淡黄白色。根系发育差。豆科根瘤少。铁过量会产生毒害,表现为叶色暗绿,叶尖及叶缘焦枯,脉间有褐斑。

水稻缺铁:新叶脉间失绿,叶脉绿色,呈条纹状,老叶保持绿色。

玉米缺铁:新叶黄色,脉间失绿,呈清晰的条纹叶,老叶仍保持绿色。

大豆缺铁:新叶叶脉黄绿色,脉间黄化。中部叶片两侧的叶缘由外向内逐渐变黄。

葡萄缺铁:枝梢叶片黄白,叶脉残留绿色。新叶生长缓慢,老叶仍保持绿色。缺铁果实色浅粒小,基部果粒发育不良。

(8) 锰素营养

锰直接参与光合作用的放氧过程,它对植物体内电子传递和氧化还原过程极为重要,同时还是一些酶的活化剂。植株缺锰时，一般幼叶脉间失绿发黄，绿色脉纹清晰，有褐色小斑点散布于整个幼叶，且柔软下披，脆弱易折。锰过量则叶尖焦枯，叶片上出现褐斑或坏死斑点。

大麦缺锰：叶片柔软下披，脉间失绿黄化，随后出现棕褐色小斑点，逐渐向基部扩展，叶尖焦枯。

玉米缺锰：叶片披散不挺立，从叶缘向内的脉间逐渐失绿。

大豆缺锰：新叶失绿，老叶叶面不平滑，皱缩，脉间失绿，并有许多棕褐色小斑点。

葡萄缺锰：叶片脉间褪淡转黄，叶脉绿色。同一串果实中色泽杂乱，成熟度不一致，果粒大小不等。

(9) 铜素营养

铜参与植物体内的氧化还原过程和呼吸作用，是一些含铜金属酶的成分，并且还参与蛋白质和糖代谢过程。缺铜植株一般生长瘦弱，顶梢呈凋萎干枯状，新叶失绿黄化，叶尖发白卷曲，叶缘灰黄，叶片出现坏死斑点。繁殖器官发育受阻，不结实或只有瘪粒。树皮裂纹，分泌出胶状物，枝条弯曲，长瘤状物或斑块，易感霉菌病害。

小麦缺铜：抽穗显著推迟，穗易包裹在叶鞘内。抽出不完全，穗顶部为空瘪谷壳，穗小实粒少。

番茄缺铜：顶叶叶片暗绿色或蓝绿色，小叶的叶缘向上卷曲或凋萎，新叶下披，叶尖端失绿，或有棕色胶斑。

(10) 锌素营养

锌是一些酶的主要成分，它参与吲哚乙酸生长素的合成，影响细胞伸长和扩大。缺锌植株一般生长矮小，节间短，生育期延长。叶小簇生，下部叶片的中脉附近的脉间失绿，并发展成褐斑。叶缘扭曲发皱。玉米出现“白苗病”。

水稻缺锌的田间景观：缺锌区叶色暗，稻丛基部暗褐色，长势参差不齐，局部死苗。

玉米缺锌：脉间失绿，呈淡黄色和浅绿色条纹，叶脉保持绿色。症状在中脉和叶缘之间最明显，叶脉两旁和叶缘仍保持绿色，严重时叶片上出现浅棕色坏死组织。

(11) 硼素营养

硼在植物体内主要是促进糖运输和代谢，影响酶促反应和细胞分裂及成熟，特别是对花器官的发育极为重要。植株缺硼症状一般表现为茎尖、根尖生长停滞，萎缩死亡。叶片肥厚，粗糙发皱，卷曲或出现失水状的凋萎。茎基部肿胀，花而不实，蕾花脱落，生长期延长，根呈现褐色。豆科植物根瘤少。当硼过量时，茎尖及边缘发黄焦枯，叶片上出现棕褐色坏死斑点。

春小麦缺硼：花不能授粉，颖壳张开，麦穗透亮，俗称“亮穗”。

玉米缺硼：上部叶片脉间组织变薄，呈白色透明的条纹。

油菜缺硼：顶端持续开花，花期拖长，角果少，不结实。

黄瓜缺硼：果实开裂，有黄白色分泌物，果质粗。

甜菜缺硼：块根中出现褐黑色的坏死组织。

(12) 钼素营养

钼是硝酸还原酶和固氮酶的组成成分，同时也参与糖代谢过程。植株缺钼一般症状之一是老叶脉间叶色淡绿发黄，有褐色斑点，叶缘焦枯卷曲，叶片畸形，生长不规则。豆科植物不结根瘤；而十字花科植物则表现为叶片瘦长，螺旋状扭曲，老叶变厚焦枯。

花椰菜缺钼：新叶基部的叶肉组织退化，叶尖端局部保持正常生长；整个叶片扭曲形成“鞭尾状叶”，叶缘发褐焦枯，生长点枯死。

【实验步骤】

植物营养失调症状检索步骤如下：分别抽取各种植物缺素症状的图片，根据表 22-1 按照如下步骤进行鉴别。

表 22-1 作物营养元素缺乏检索简表

① 当鉴定植物养分缺乏症状时，首先应看症状出现的部位。如果首先在老叶上出现，则可

能是缺乏N、P、K、Mg或Zn中的一种，然后再根据是否出现斑点进行区分：没有斑点的为缺N、P，其中老叶黄化的，为缺N；暗绿或紫红色为缺P。有斑点的为缺K、Zn或Mg，其中叶尖及边缘先焦枯的为缺K；叶小，斑点或斑块在主叶脉两侧面出现的为缺Zn；而脉间失绿，脉纹清晰的为缺Mg。

② 如果症状首先在新生组织出现，则可能缺乏B、Ca、Fe、S、Mn、Mo、Cu中的一种，然后再根据顶芽生长状况进一步判断：容易枯死的可能缺Ca或缺B，但缺Ca茎叶软弱，新器官不易出生；缺B时茎叶粗、脆，新器官不断簇生并持续开花而不能正常结实；顶芽不枯死的，可能缺乏S、Mn、Cu、Fe、Mo。其中，缺S时新叶黄化均一；缺Mn时脉间失绿并有细小斑点；缺Cu则幼叶萎蔫，出现白色叶斑；缺Fe的脉间失绿，发展至整个叶片淡黄；缺Mo的叶片生长畸形并遍布斑点。

③ 以上所述均为单纯的一元素缺乏症状，而在实际的农业生产中，往往会出现病、虫害等症状，这些症状更为复杂，更容易混淆。此外，还应结合施肥情况、土壤pH、养分状况等进行综合分析，才能对缺素做出正确的判断。另外，缺素症状在实际生产中难以判断和区分还在于有干旱、涝淹等气候因素、细菌病虫等生物因素以及药害、肥害等人为因素的干扰，所以我们应仔细观察、综合分析，才能得出正确的结论。

思 考 题

（1）如何对作物缺素症状进行判断？可以分为几个步骤？

（2）在实际生产中，作物的缺素症状往往与干旱、生理病害、药害等混淆，如何进行区别？

实验23 作物组织营养的化学诊断

【实验目的】

作物生长需要多种营养元素，若缺乏某一种元素或某元素过多，在外观上常常表现出一定的症状。通过外观观察大致可以了解作物缺少哪种营养元素，但只靠外观观察其结果往往不十分可靠，因缺素症状常常与作物病害混淆，容易误诊，要用化学方法进行验证。另外，作物缺素症状往往在某种养分极度缺乏时才表现出来，此时再采取补救措施常常是为时已晚。所以在作物生长期间应经常用化学方法测定植物体内一定部位水溶性养分的含量，一般是测氮、磷、钾的含量。作物营养诊断可以用常规的植物分析方法，也可采用田间速测的方法，速测方法可以及时了解作物在不同生育时期体内养分的变动情况、作物对养分的需求程度，从而为指导合理施肥提供科学的依据。

一、作物营养诊断样品的采集和处理

采样是一项很重要的工作，采样正确与否直接影响诊断结果。采取的样品必须有代表性，这样得出的结论在生产上才有参考价值。所谓代表性，就是指用少量分析样品来反映一定面积上作物的生长状况和营养水平，因此采样时应按一定的规则去进行。但由于作物种类不同，其采集方法也不尽相同。一般在田间首先进行观察，记下外部症状，选取长相、长势基本一致的植株进行采集。凡过大、过小及受病虫害或机械损伤的植株都不宜采集，同时还应避开田边、路旁等特殊环境。采样方法可随机多点采样，采样路线最好是“S”形；采样株数视作物种类和生育期而定，一般10～20株。

1. 采样时间与时期

采样一般在上午8～10时，因这时作物的生理活动已趋活跃，地下根系对养分的吸收速率和地上部光合作用对养分的需要接近动态平衡。此时作物组织中的无机养料贮量最能反映作物对养分的需求情况。

另外，取样时期必须以作物的生育期来进行。因为取样进行营养诊断往往是和施肥结合起来的。一般应抓住两个生育期即可：一是苗期，即营养临界期；二是生育盛期，即营养的最大效果期。取样时应稍有提前。

2. 采样部位

采样部位主要应选择植物体上能最灵敏地反应养分丰缺的敏感部位。但由于植物种类、生育时期和养分种类不同，其敏感部位也不相同，因此采样部位应根据不同作物和测定项目来决定。一般的原则是选择输导组织发达、叶绿素少的部位，如茎节、叶鞘、叶柄等。幼叶一般不能灵敏地反映出养分的丰缺程度，因无论外界养分是否充足，作物本身都要优先保证幼叶的需要，因此采取茎基部或中老叶较为合适。各作物的敏感部位可参考表23-1。

表 23-1　不同作物供诊断用的敏感部位

诊断成分	作物名称	采样部位
硝态氮	玉米	苗期：茎基部；抽雄期：顶部芽 2～3 叶；吐丝期：穗位叶
	小麦	苗期：茎基部；拨节后：主茎 2～3 茎叶
	大豆	苗期：地上部；始花期：顶部第 2～3 叶
	甜菜	叶柄
	马铃薯	叶柄
	番茄	叶柄
水溶性磷	玉米	幼玉米取茎基部或果穗相对应的基部组织或叶脉、叶片等
	小麦	主茎 2～3 茎节，或心叶下 3～4 叶鞘
	大豆	植株上部叶柄或茎节
	水稻	取基部茎鞘
	番茄	叶柄
水溶性钾	玉米	幼玉米取基部茎节；老玉米取与果穗同高度叶片
	大豆	取植株顶部叶柄基部扩大处
	小麦	取心叶下第 3～5 叶鞘或茎节
	水稻	

3. 样品的处理与待测液的制备

采集的样品可带回实验室进行处理。为避免水分蒸发或养料转移，应将样品装在塑料袋中。带回到实验室的样品要立即进行处理和测定，否则会被风干或发霉变质。处理程序如下：首先将样品中枯叶、残根等去掉，再将沾在植株上的泥土用湿布擦净，如需清洗，在洗净后需用布吸干；然后取下敏感部位，剪成小段，用压汁钳榨取汁液或用水浸提；汁液立即进行养分测定。

二、硝态氮的测定

【实验原理】

作物从土壤中吸收的铵态氮，因为能迅速参加蛋白质的合成，所以在作物体内游离的很少，故一般不以铵态氮作为诊断指标。而硝态氮虽也能很快参加蛋白质合成，但仍有相当数量的硝态氮仍以原来形态保留在作物体内，因此在作物体内经常可以测出一定量的硝态氮，其浓度在一定范围内可以反映出作物体内的氮素丰缺程度以及土壤的供氮水平，故多以硝态氮含量作为氮素营养诊断指标。

在酸性条件下，金属锌能和酸产生 H_2，H_2 可将 NO_3^- 还原成 NO_2^-，而 NO_2^- 进一步与对氨基苯磺酸和 α-萘胺作用形成玫瑰红色偶氮染料。在一定范围内，其红色深浅与 NO_2^- 含量成正比，故可以比较颜色深浅来确定作物体内的硝态氮的含量。此法要求在酸性条件下(约 pH 5)进行，测定范围为 0.5～20 mg/kg。

【实验设备及用品】

① 硝酸试粉：分别称取 $BaSO_4$ 10 g、$MnSO_4 \cdot H_2O$ 1 g、Zn 粉 0.2 g、柠檬酸 7.5 g、对氨基苯磺酸 0.4 g、甲萘胺 0.2 g。将 $BaSO_4$ 分成 4 份，分别与 $MnSO_4$、Zn 粉、对氨基苯磺酸、甲萘胺磨成粉末。然后将 4 份粉末充分混匀，最后与磨细的柠檬酸充分混合。配好的硝酸试粉为灰色，装

入棕色瓶中避光保存。若变为粉红色,表示已经失效,不能再用。

② pH 5.0 柠檬酸缓冲液：称取柠檬酸(化学纯)4.31 g,柠檬酸钠 6.86 g,溶于 500 mL 蒸馏水中,摇匀。

③ 硝态氮标准液：称取 KNO_3 7.22 g,加水溶解后,转入 1000 mL 容量瓶中,以水定容至刻度,摇匀后备用。此液为含硝态氮 1000 mg/L 的标准液。将此母液分别吸取 10,20,30,40,50,80 mL 于 100 mL 容量瓶中,定容,摇匀,即为 100,200,300,400,500,800 mL 的工作液。

【实验步骤】

标准色阶的制备：分别取含硝态氮 100,200,300,400,500,800,1000 mg/L 的标准液各 1 滴(每滴体积约为 0.05 mL),分别滴于含 5 mL 柠檬酸缓冲液的 15 mL 试管中,摇匀后再加 0.2 g 硝酸试粉(不必称取),塞紧胶塞,纵向用手摇动试管(200 次/min),放置 15 min 即成标准色阶。此标准色阶浓度分别为 1、2、3、4、5、8、10 mg/L。

先将 5 mL 柠檬酸缓冲液加入 15 mL 试管中。用压汁钳榨取处理好的植株样品,取汁液 1 滴,滴入试管中,摇匀后再加 0.2 g 硝酸试粉(不必称取),塞紧胶塞,纵向用手摇动试管 1 min (200 次/min),放置 15 min,与标准色阶进行比对并估测其浓度值。

【结果与分析】

$$\omega(\text{植物组织液中硝态氮})=c\times\frac{V_1}{V_2}$$

式中：ω：植物组织液中硝态氮含量,mg/kg;c：根据标准色阶估测的原待测液中硝态氮含量,mg/L;V_1：显色液的体积,mL;V_2：所取汁液的体积,mL。

三、水溶性磷的测定

【实验原理】

作物根系吸收的无机磷,一部分在体内迅速转化成有机态磷化合物,但仍有一小部分无机磷以原来的形态存在于作物体内。测定作物体内这部分磷的含量,大致可以反映出作物体内磷的丰缺及土壤供磷状况,因此在作物不同生育时期用速测的方法测定作物体内水溶性磷的含量可以作为作物磷素营养水平的指标,为合理施用磷肥提供参考依据。

作物体内水溶性磷的测定多采用钼蓝比色法。其原理就是在一定酸度下,水溶性磷和钼酸铵作用生成磷钼杂多酸,此杂多酸可被氯化亚锡还原成磷钼蓝,使溶液成为蓝色;比较蓝色溶液的深浅,即可了解到作物体内水溶性磷的含量。

【实验设备及用品】

① 1.5%钼酸铵-盐酸溶液：称取钼酸铵 15 g,放入烧杯,加 300 mL 温水使其溶解,冷却后缓缓加入浓盐酸约 300 mL,搅拌均匀,以水稀释到 1000 mL,储于棕色瓶中。

② 1.25% $SnCl_2$-甘油溶液：称取 $SnCl_2$ 1.25 g,加浓盐酸 5 mL,加热溶解,冷却后加甘油 95 mL,混匀后贮于棕色滴瓶中。

③ 磷标准液：称取 KH_2PO_4 0.7030 g 溶于 400 mL 蒸馏水中。加 6 mol/L H_2SO_4 30 mL,混匀后转入 1000 mL 容量瓶中,摇匀,此液为含磷 160 mg/kg 的标准液。再将此液进一步稀释,可得含磷为 20、40、80、160 mg/kg 的标准系列。

【实验步骤】

标准色阶的配制：取 4 支规格一致的试管，每管中加 4 mL 蒸馏水，于试管中分别加入含磷为 20、40、80、160 mg/kg 的标准液 1 滴，摇匀后分别加入钼酸铵溶液 1 mL，$SnCl_2$-甘油溶液 1 滴，摇匀放置 5 min 后与待测液进行目视比色。标准色阶颜色由浅蓝至深蓝色，含磷浓度依次为 0.2、0.4、0.8、1.6 mg/kg。

用压汁钳将处理好的植株样品，榨出汁液，取 1 滴汁液滴入试管中，加 4 mL 蒸馏水摇匀；再加入盐酸-钼酸铵试剂 1 mL，摇匀，加 $SnCl_2$-甘油 1 滴，摇动 5 min 后与标准色阶比色。

【结果与分析】

$$\omega(\text{组织液中水溶性磷}) = c \times \frac{V_1}{V_2}$$

式中，ω：组织液中水溶性磷的含量，mg/kg；c：根据标准色阶估测的待测液中水溶性磷的含量，mg/kg；V_1：显色液的体积，mL；V_2：所取汁液的体积，mL。

四、水溶性钾的测定

【实验原理】

植物体中至今尚未发现有含钾的有机化合物存在，植物体中的钾都以离子态存在，因此只要测定植物体中水溶性钾的含量就能了解到植物体中钾的营养状况。

旱田作物组织液中钾的测定多用亚硝酸钴钠比浊法测定。其原理是钾与亚硝酸钴钠溶液在一定条件下生成亚硝酸钴钠钾沉淀，但在钾含量较少时不能形成沉淀。为了降低亚硝酸钴钠钾的溶解度，常加入一定量的异丙醇而使生成的亚硝酸钴钠钾呈现浑浊，以比较混浊度来确定钾的含量。

【实验设备及用品】

① 亚硝酸钴钠溶液：称亚硝酸钴钠 5 g 和 $NaNO_2$ 30 g 于 80 mL 蒸馏水中，然后加冰醋酸 5 mL，以水稀释到 100 mL 盛于棕色瓶中。此试剂易分解，应现用现配。

测定前，取 5 mL 此试剂，加入溶有 15 g $NaNO_2$ 的 100 mL 蒸馏水中摇匀即为钾试剂稀释液。

② 异丙醇

③ 钾标准液：称取烘干 KCl 1.9068 g，溶于蒸馏水中，转入 1000 mL 容量瓶中，以水定容至刻度，摇匀。此液为含钾 1000 mg/L 的母液。

【实验步骤】

标准色阶的制备：将含钾 1000 mg/L 的钾母液稀释成含钾为 250、500、750、1000 mg/kg 的标准系列溶液。分别取上述标准液 1 滴，加入事先盛有 2.5 mL 钾试剂的试管中，摇匀后，各加 1 mL 异丙醇，制成含钾为 5、10、15、20 mg/L 的标准色阶，和待测液同时进行比浊测定。

于试管中加钾试剂稀释液 2.5 mL，再加 1 滴组织液，摇匀后加异丙醇 1 mL，再摇动 15 min 后与钾标准色阶进行比浊测定。测定应在加异丙醇后的 15～20 min 内进行，同时和标准色阶条件要保持一致。

【结果与分析】

$$\omega(\text{组织液中水溶性钾}) = c \times \frac{V_1}{V_2}$$

式中，ω：组织液中水溶性钾的含量，mg/kg；c：根据标准色阶求得的待测液中水溶性钾的含量，mg/L；V_1：显色液的体积，mL（异丙醇体积不计）；V_2：所取汁液的体积，mL。

思 考 题

(1) 作物组织氮磷钾的化学诊断分别采用哪种速测方法？

(2) 作物组织营养的化学诊断时，采样时期和部位对诊断结果会有很大影响，请说明理由。

实验 24　氮肥挥发量的测定(设计性)

【实验目的】

NH_4HCO_3 和氨水都是易挥发损失的氮肥,施用不当会造成挥发损失;另外,即使化学稳定的氮肥,如$(NH_4)_2SO_4$、NH_4Cl 等,若施于碱性或石灰性土壤中,也会引起氨的挥发损失,这些都是氮肥利用率不高的原因。氨的挥发量受多种因素影响,如土壤类型、质地、含水量、pH、温度以及覆土深度等。

通过模拟,设置不同的土壤条件和施用方法,定期测定氨的挥发量,探求合适的施用方法及覆土深度。

【实验原理】

用扩散法测定,即在密闭条件下,挥发出的氨被硼酸吸收,再用标准酸滴定氨吸收量。由于硼酸是一种极弱的酸,用强酸滴定硼酸吸收液中的氨时,犹如直接滴定氨样,硼酸浓度和体积不必精确,只要足量即可。据试验,5 mL 3%硼酸液可吸收铵态氮约 10 mg。

【实验设备及用品】

① 甲基红-溴甲酚绿指示剂:甲基红 0.165 g 和溴甲酚绿 0.330 g 用玛瑙研钵研细,用酒精洗到 500 mL。

② 3%硼酸-混合指示剂吸收液:硼酸 30 g 溶于 1 L 水中,加甲基红-溴甲酚绿指示剂 5 mL,摇匀。用稀酸或稀碱调至微紫红色(葡萄酒色),此时 pH 为 4.7。

③ 0.1 mol/L 标准盐酸。参照“附录一 标准酸碱溶液的配制和标定方法”。

【实验步骤】

(1) 处理设置

根据实验目的,可设置不同土壤类型的土壤质地、土壤水分等的试验,也可设置不同的覆土深度模拟试验。

覆土深度试验设置:取湿润耕层土过 2 mm 筛,混匀,用台秤取 1.5 kg 5 份,分别装入 1000 mL 广口瓶中,稍加振动沉实,再分别称取 NH_4HCO_3 1.0 g 5 份,分别施入上述 5 个广口瓶中。1 号瓶表施:即不覆土,将 NH_4HCO_3 撒匀;2 号瓶浅施:即将 NH_4HCO_3 撒匀后,再撒上一薄层土,刚好盖住肥料;3 号瓶覆土 0.5 cm:即将 NH_4HCO_3 撒匀后,用土盖住肥料厚约 0.5 cm;4 号瓶覆土 1 cm:将 NH_4HCO_3 撒匀后,覆土 1 cm;5 号瓶深施 5 cm:将 NH_4HCO_3 撒匀后,再覆土 5 cm,然后在土面上放一小烧杯,内放 5 mL 3%硼酸-混合指示剂吸收液,将磨口涂上碱性甘油,盖好。在相应的温度下放置 2 周。取出烧杯,滴定。

(2) 滴定

取出小烧杯,将吸收液转入 150 mL 烧杯中,用 0.1 mol/L 标准盐酸滴定至微红为终点,记录消耗酸体积 V。

【结果与分析】

$$\omega(\text{挥发的铵态氮})=\frac{c\times V\times 0.014}{(m\times \text{含 N\%})}\times 100\%$$

式中，ω：挥发的铵态氮的含量；c：标准盐酸浓度（物质的量浓度），mol/L；V：标准酸所消耗的体积，mL；m：施肥的量，g；0.014：氮的毫摩尔质量。

在结果中分析氮肥覆土深度与挥发量关系，以覆土深度为横坐标，以挥发 N 的质量分数（%）为纵坐标作挥发量与覆土深度关系图。

思考题

(1) 氮肥在何种条件下开始挥发？

(2) 测定氮肥挥发量对合理施用氮肥有何指导意义？

实验25　土壤对不同形态氮的吸附测定(设计性)

【实验目的】

化学氮肥品种繁多,主要分为铵态氮肥、硝态氮肥、酰胺态氮肥和氰胺态氮肥。当氮肥施入土壤后,由于氮素形态不同,其在土壤中的吸附、转化也不尽相同。因此,在施肥时根据土壤的保肥性,制定不同形态氮肥的施用技术,是防止养分淋失和合理施肥的一条基本原则。不同土壤类型吸附保留各种形态氮素的能力不相同。因此,了解某一地区土壤对不同形态氮肥的吸持力,无论在生产上还是在理论研究上都具有一定的意义。

【实验原理】

根据土壤对氮素化肥的物理吸附、代换性吸附等特性,取一定量的土壤分别加入等氮量的$(NH_4)_2SO_4$、$Ca(NO_3)_2$、$CO(NH_2)_2$溶液,使其充分作用后,用所加原液的量与平衡溶液的含氮量之差,表示土壤对某一形态氮肥的吸持力。

通常,这三种不同氮肥中的含氮量,采用不同的方法进行测定:

1. $(NH_4)_2SO_4$平衡液中氮的测定,采用纳氏试剂比色法

低浓度的铵盐溶液,与纳氏试剂作用,形成具有黄-橘红色的可溶性化合物($HgOHgNH_2I$)。根据此溶液的颜色深浅,利用比色法可测定其氮含量。

2. $Ca(NO_3)_2$平衡液中氮的测定,采用酚二磺酸试剂比色法

硝酸盐与磺基水杨酸作用所形成的化合物,在碱性条件下变为黄色的硝酸化合物。根据溶液的颜色深浅,利用比色法可测定其氮含量。

3. $CO(NH_2)_2$平衡液中氮的测定

(1) 对二甲氨基苯甲醛比色法

尿素与对二甲氨基苯甲醛脱水缩合,形成含有苯型与醌型结构的化合物,此两种化合物呈现绿黄色,其反应为

$$NH_2-\overset{O}{\overset{\|}{C}}-NH_2 + (CH_3)_2N-C_6H_4-\overset{O}{\overset{\|}{C}}-H \xrightarrow[H^+]{-H_2O} (CH_3)_2N-C_6H_4-\overset{H}{\overset{|}{C}}=N-\overset{O}{\overset{\|}{C}}-NH_2$$

$$\updownarrow$$

$$(CH_3)_2N^+=C_6H_4=CH-N^- -CO-NH_2$$

根据溶液颜色,利用比色法可测定$CO(NH_2)_2$含量,计算含氮量。

(2) 纳氏试剂比色法

$$CO(NH_2)_2 + H_2O \longrightarrow CO_2 + NH_3 \text{(脲酶,40～45℃)}$$

没有被土壤吸附的尿素，在脲酶的作用下被水解放出氨，氨与纳氏试剂作用生成碘化氨基氧汞，通过比色得知尿素的含量。

【实验设备及用品】

1. 含氮 2500 mg/L 原液的配制

① $(NH_4)_2SO_4$原液：准确称取于 70℃以上干燥的分析纯 $(NH_4)_2SO_4$ 1179.0 mg，溶于 100 mL 蒸馏水，此即为含氮 2500 mg/L 的原液。

② $Ca(NO_3)_2$ 原液：准确称取在浓 H_2SO_4 干燥器中干燥的分析纯 $Ca(NO_3)_2$ 1464.0 mg，溶于 100 mL 蒸馏水，此即为含氮 2500 mg/L 的原液。

③ $CO(NH_2)_2$原液：准确称取于 70℃以下干燥的分析纯 $CO(NH_2)_2$ 536.0 mg，溶于 100 mL 蒸馏水，此即为含氮 2500 mg/L 的原液。

2. 各种形态 N 的标准液

吸取上述 $Ca(NO_3)_2$ 原液 100 mL，放入 250 mL 容量瓶中稀释至刻度，摇匀。此液每毫升含 N 1 mg，以“B”表示，即 1000 mg/L。

吸取上述$(NH_4)_2SO_4$ 和 $CO(NH_2)_2$ 原液各 5 mL，分别放入 250 mL 容量瓶中，加水至刻度，摇匀。此两种溶液每毫升含 N 0.05 mg，即 50 mg/L，分别以“A”和“C”表示。

3. 试剂的配制

① 纳氏(Nessler)试剂：称取碘化汞 4.66 g 和碘化钾 3.5 g，溶于少量水中；称取 NaOH 10 g 用水溶解，冷却，两液合并倒入 100 mL 容量瓶中，用水稀释至刻度。放置两天后，将上层清液轻轻倾入棕色瓶中备用。此试剂有剧毒。如果溶液变黄，应重配。

② 25% 酒石酸钾钠：称取化学纯酒石酸钾钠试剂 250 g，加水至 1000 mL。

③ 碱性阿拉伯胶：称取阿拉伯胶 3 g 溶于 300 mL 沸水中，搅拌使其溶解，放置冷却。加 2～6 滴氯仿防腐，离心去泡沫和不溶物，倾注其清液保存。

④ 磺基水杨酸试剂：称水杨酸 5 g 溶于 100 mL 浓 H_2SO_4 中，摇匀。

⑤ 2 mol/L NaOH：称取化学纯 NaOH 80 g，加水稀释至 1000 mL。

⑥ 对二甲氨基苯甲醛：称取化学纯对二甲氨基苯甲醛 20.0 g，放入 1000 mL 量瓶中，用 95% 化学纯酒精溶解；并用 95%酒精稀释至 1000 mL，再加 100 mL 浓 HCl，贮于棕色瓶中保存。

⑦ $CaSO_4$粉剂：$CaSO_4 \cdot 5H_2O$ 研磨过 0.25 mm 筛。

⑧ 饱和脲酶溶液：在 100 mL 水中加入适宜过量的脲酶，溶解 24 h 后过滤。使用前测定其分解能力。

【实验步骤】

1. 土壤样品的采集及处理

选择有代表性的不同肥力的土壤，分不同层次采集土样 250 g，将其放入 60～70℃的烘箱中，烘 5～6 h；磨碎土样，并全部通过 0.25 mm 的筛孔(60 目)，保存备用。

2. 称样及平衡溶液的制备

① 称取同一土样 4 份，每份 25.00 g，分别放入 4 个 100 mL 的塑料瓶中，其中：1 瓶加入 50 mL 的无氨蒸馏水；余者分别加入含 N 2500 mg/L 的$(NH_4)_2SO_4$、$Ca(NO_3)_2$、$CO(NH_2)_2$ 溶液 50 mL。

② 在加蒸馏水及 $CO(NH_2)_2$ 的瓶中，分别加入 $CaSO_4$ 粉 0.25 g，并摇混均匀。

③ 在振荡机上振荡,加 $Ca(NO_3)_2$ 和 $CO(NH_2)_2$ 溶液者振荡 24 min,余者振荡 1 h。

④ 振荡结束后,过滤于干净干燥的 100 mL 三角瓶中(去掉最初几滴滤液)。

3. N 的测定

(1) $(NH_4)_2SO_4$ 平衡液中氮的测定(纳氏试剂比色法)

① 吸取 $(NH_4)_2SO_4$ 平衡液 5 mL,放入 100 mL 容量瓶中,加蒸馏水稀释至刻度,混合均匀备用。

② 吸取上述备用液 1 mL 于 50 mL 容量瓶中,加水至约 30 mL,加 25%酒石酸钾钠 2 mL,0.5% 阿拉伯胶 1 mL。

③ 摇匀后,加纳氏试剂 4 mL,并加水至刻度,混合均匀。放置 30 min 后于 490 mm 波长下测 A_{490}。

④ 同时吸取标准液 A:0,1,2,3,4,5 mL,按照步骤②~③,操作,然后同样在 490 nm 波长下吸光值 A_{490}。绘制 A_{490} 与标准液 A 浓度关系的标准曲线。

⑤ 直接吸取无氨蒸馏水提取液 5 mL,如 $(NH_4)_2SO_4$ 平衡液中的 N 的测定步骤②~③,作为测定铵态氮含量的对照。

(2) $Ca(NO_3)_2$ 平衡液中氮的测定(酚二磺酸试剂比色法)

① 吸取 $Ca(NO_3)_2$ 平衡液 5 mL,放入 100 mL 容量瓶中,加蒸馏水稀释至刻度,混合均匀。

② 吸取稀释液 0.2 mL,放入干净干燥的 50 mL 烧杯中,加入 0.8 mL 磺基水杨酸,充分混匀,静置 10 min。

③ 再加 2 mol/L NaOH 19 mL,摇匀后在 410 nm 处测吸光值 A_{410}。

④ 绘制标准曲线:吸取标准溶液 B:0,1,2,4,6,8 mL 于 100 mL 容量瓶中定容,制得浓度为 0,20,40,60,80,100 mg/L 的系列标准溶液。分别吸取 0.2 mL,步骤同②~③,绘制标准曲线。

⑤ 吸取蒸馏水提取液 0.2 mL,步骤同②~③,测得硝态氮浓度。

(3) $CO(NH_2)_2$ 平衡液中氮的测定

方法 A:对二甲氨基苯甲醛比色法

① 吸取 $CO(NH_2)_2$ 平衡溶液 1 mL,放入 100 mL 容量瓶中。

② 加入对二甲氨基苯甲醛 20 mL,缓缓摇匀,加水接近刻度。

③ 待溶液冷却至室温,再加水至刻度,充分混合,放置 10 min 后测吸光值 A_{422}。

④ 同时分别吸取标准溶液 C:0, 1.2, 2.5, 5.0, 7.5, 10 mL,加入容量瓶中,重复步骤②~③,绘制标准曲线。

⑤ 吸取蒸馏水提取液 10 mL,加入容量瓶中,重复步骤②~③,测定其含量。

方法 B:脲酶水解,纳氏试剂比色法

① 取 5 mL 滤液于 100 mL 容量瓶中,加水至刻度,摇匀备用。

② 吸取上述制备液 2 mL 于另一容量瓶中,加水至 70 mL 左右,加饱和脲酶溶液 10 滴,置于 40℃恒温水浴锅中;1 h 后取出,加阿拉伯胶 1 mL、纳氏试剂 4 mL,加水定容至刻度,30 min 后测吸光值 A_{425}。

③ 空白试验:吸收蒸馏水提取液 10 mL 于 100 mL 容量瓶中,重复步骤②。

④ 标准曲线制作:分别吸取标准溶液 C:0,1,2,3,4,5 mL 于 100 mL 容量瓶中,重复步骤②,将测定结果绘制成标准曲线。

【结果与分析】

(1) $(NH_4)_2SO_4$ 平衡液中氮的含量

$$\omega(\text{平衡液中的铵态氮}) = c \times n$$

式中,ω:平衡液中的铵态氮含量,mg/L;c:从标准曲线查得铵态氮含量,mg/L;n:稀释倍数。本实验中,稀释倍数=(50/1)×(100/5)=1000。

蒸馏水提取液中铵态氮含量(mg/kg)计算同上,因为没有稀释,故 c=50/5= 10。

$$\omega(\text{土壤铵态氮}) = \frac{(c_1 - c_2 + c_3) \times 50}{m}$$

式中,ω:土壤铵态氮吸附量,mg/kg;c_1:原液铵态氮含量,本实验中为 2500 mg/L;c_2:平衡液铵态氮含量,mg/L;c_3:蒸馏水提取液铵态氮含量,mg/L;m:土壤样品质量,本实验中为 25 g。

(2) $Ca(NO_3)_2$ 平衡液中的氮的含量

$$\omega(\text{平衡液中的硝态氮}) = c \times n$$

式中,ω:平衡液中的硝态氮含量,mg/L;c:从标准曲线查得硝态氮含量,mg/L;n:稀释倍数。本实验中,稀释倍数=(50/0.2)×(100/5)= 5000。

蒸馏水提取液中硝态氮含量(mg/kg)计算同上,因为没有稀释,故 c=50/0.2=250。

$$\omega(\text{土壤铵态氮}) = \frac{(c_1 - c_2 + c_3) \times 50}{m}$$

式中,ω:土壤铵态氮的吸附量,mg/kg;c_1:原液硝态氮含量,本实验中为 2500 mg/L;c_2:平衡液硝态氮含量,mg/L;c_3:蒸馏水提取液硝态氮含量,mg/L;m:土壤样品质量,本实验中为 25 g。

(3) $CO(NH_2)_2$ 平衡液中氮含量的测定

① 方法 A:对二甲氨基苯甲醛比色法

$$\omega(\text{平衡液中的酰胺态氮}) = c \times n$$

式中,ω:平衡液中的酰胺态氮的含量,mg/L;c:从标准曲线查得酰胺态氮含量,mg/L;n:稀释倍数,本实验中,稀释倍数=100/1=100。

蒸馏水提取液中酰胺态氮含量(mg/kg)计算同上,只是稀释倍数不同,c=100/10=10。

$$\omega(\text{土壤酰胺态氮}) = \frac{(c_1 - c_2 + c_3) \times 50}{m}$$

式中,ω:土壤酰胺态氮的吸附量,mg/kg;c_1:原液酰胺态氮含量,本实验中为 2500 mg/L;c_2:平衡液酰胺态氮含量,mg/L;c_3:蒸馏水提取液酰胺态氮含量,mg/L;m:土壤样品质量,本实验中为 25 g。

② 方法 B:脲酶水解,纳氏试剂比色法

$$\omega(\text{平衡液中的酰胺态氮}) = c \times n$$

式中,ω:平衡液中的酰胺态氮含量,mg/L;c:从标准曲线查得酰胺态氮含量,mg/L;n:稀释倍数。本实验中,稀释倍数=(100/2)×(100/5)= 1000;

蒸馏水提取液中酰胺态氮含量(mg/kg)计算同上,只是稀释倍数不同,c=100/10=10。

$$\omega(\text{土壤酰胺态氮}) = \frac{(c_1 - c_2 + c_3) \times 50}{m}$$

式中,ω:土壤酰胺态氮吸附量,mg/kg;c_1:原液酰胺态氮含量,本实验中为 2500 mg/L;c_2:平衡液酰胺态氮含量,mg/L;c_3:蒸馏水提取液酰胺态氮含量,mg/L;m:土壤样品质量,本实验中为 25 g。

【注意事项】

① 测定铵态氮及酰胺态时,试剂顺序不能颠倒,防止产生混浊。

② 测硝态氮用碱中和时,碱一定要过量;否则,颜色偏浅。

③ 实验中,吸取的显色体积可以根据实际情况增减;同时,计算时也要随之重新计算稀释倍数。

思　考　题

(1) 土壤对不同形态氮的吸附是否相同?为什么?

(2) 测定土壤对不同形态氮的吸附对施肥有何指导意义?

实验26 水溶性磷在土壤中的固定现象(设计性)

【实验目的】

土壤的性质对水溶性磷肥的影响很大。水溶性的磷肥施入土壤后,易与土壤中的铁、铝及钙发生化学固定作用,降低其有效性。如将过磷酸钙施于石灰性土壤中,$H_2PO_4^-$ 与 Ca^{2+} 形成难溶性磷酸钙化合物;若施于酸性土壤中,则形成难溶性磷酸铁铝化合物,致使肥效降低。这种现象统称为磷的固定。土壤质地和有效磷含量同样对水溶性磷肥发生影响。为了提高水溶性磷肥的利用率,必须尽量增加肥料与根系的接触。本实验的目的是印证并计算水溶性磷肥在土壤中被固定为难溶性磷的百分率。

【实验原理】

根据土壤对水溶性磷肥的吸附固定的特性,用一定浓度的过磷酸钙水溶液,通过一定厚度的土柱,然后用钼蓝比色测定淋出液中磷的含量,由此来判断不同土壤对水溶性磷的固定现象。根据所加入磷肥的磷的量与作用后磷的量之差,即可计算出水溶性磷肥被固定的百分率。

【实验设备及用品】

① 0.5%过磷酸钙水溶液:称取过磷酸钙5.0g于烧杯中,用蒸馏水溶解,定容至1L,此即为约350mg/L的P溶液。然后过滤,并用钼锑抗比色法测定其磷的准确含量。测定前应先稀释10~20倍,然后吸取0.2~1mL于50mL容量瓶中,加5mL钼-锑-抗显色剂,再加0.5mol/L $NaHCO_3$ 10mL,排净气泡,定容,摇匀,30min后在波长700nm比色测定。

② 0.5mol/L $NaHCO_3$ 溶液:称取分析纯 $NaHCO_3$ 42g溶于800mL水中,以0.5mol/L NaOH调至pH 8.5,倒入1000mL容量瓶中,定容至刻度,贮存于试剂瓶中。

③ 无磷活性炭:将活性炭先用0.5mol/L $NaHCO_3$ 浸泡过滤,然后在平板瓷漏斗上抽气过滤,再用0.5mol/L $NaHCO_3$ 溶液洗2~3次,最后用蒸馏水洗去 $NaHCO_3$,并检查到无磷为止,烘干备用。

④ 磷(P)标准溶液:准确称取经45℃烘干4~5h的分析纯 $KHPO_4$ 0.2197g于小烧杯中,以少量水溶解,将溶液全部洗入1000mL量瓶中,定容于刻度后充分摇匀,此溶液即为含50mg/L磷(P)的基准溶液。取50mL此溶液稀释至500mL,即为5mg/L的磷标准溶液。

⑤ 硫酸-钼-锑贮存液:取蒸馏水约400mL放入100mL烧杯中,将烧杯浸在冷水中,然后缓缓注入分析纯硫酸90.3mL,并不断搅拌,冷却至室温。另外取分析纯钼酸铵20g溶于约60℃的200mL蒸馏水中冷却,然后将硫酸溶液徐徐倒入钼酸铵溶液中,不断搅拌,再加入100mL 0.5%酒石酸锑钾溶液,用蒸馏水稀释至1000mL,摇匀,贮于试剂瓶中备用。

⑥ 钼-锑-抗混合显色剂:在100mL钼锑贮存液中,加入1.5g左旋抗坏血酸。此试剂有效期24h,宜现用现配。

【实验步骤】

(1) 样本的设置

试验设 2 个样本,也可以根据不同的处理方式,如淋洗量、淋洗液磷浓度、吸附作用时间等设立多个样本。本试验介绍最基本的对比试验,故设 2 个样本:

样本 1:为对照样,即用蒸馏水淋洗土柱,测土壤中水溶性磷的本底值。

样本 2:用 0.5%过磷酸钙水溶液淋洗土柱,以测定水溶性磷被固定率。

(2) 土柱的装配

取中号无底试管二支,底部塞一团脱脂棉作过滤层,然后用天平称取 0.5 mm 土样 2 份,各 20 g,分别装入 1 号、2 号柱中。稍加振动沉实,再把土柱管用蝴蝶夹固定在铁架台上,各管下放一干净小烧杯接淋出液。

(3) 淋洗

用量筒分别量取 0.5%过磷酸钙水溶液 10 mL、蒸馏水 10 mL 分别注入 1 号和 2 号土柱管中,液体缓慢下渗浸润土壤。待土柱全部被液体浸润,土表已无余液存在时,稍停 5 min,再向各处理管中分别加入 10 mL 蒸馏水。以此为重力,把土壤内吸持的液体压出,淋出液约 5 mL 时,测定磷含量。

(4) 测定

① 定性分析:用洁净的滴管吸取淋出液 1 mL 于试管中,以 0.5%过磷酸钙原液和蒸馏水作对照。在各试管中中分别加入盐酸钼酸铵 1 滴,摇匀后,静止 15 min,显色稳定后,比较各处理液蓝色深浅,溶液含磷量与蓝色深浅呈正比。显色程度可用“深蓝”、“蓝色”、“浅蓝”、“痕迹”四个等级表示。

② 用比色法定量测定:吸取 1～5 mL 淋出液于 50 mL 容量瓶中,加入 5 mL 钼-锑-抗显色剂,再加 0.5 mol/L $NaHCO_3$ 10 mL,排净气泡,定容,摇匀,30 min 后于 700 nm 测吸光值。吸光值代入标准曲线,计算被测液中 P 含量。

(5) 磷标准曲线绘制

分别吸取 5 mg/L 磷标准溶液 0,1,2,3,4,5 mL 于 50 mL 容量瓶中,各瓶均加入钼-锑-抗显色剂 5 mL、0.5 mol/L $NaHCO_3$ 10 mL,排净气泡,定容,摇匀,30 min 后于 700 nm 测吸收值。将结果绘制吸光值与磷浓度标准曲线。标准曲线磷浓度为 0,0.1,0.2,0.3,0.4,0.5 mg/L。

【结果与分析】

(1) 淋洗液中磷的含量

$$\omega(\text{淋出液中磷})=\frac{c\times V\times ts}{m}$$

式中,ω:淋出液中磷的含量,mg/L;c:由磷标准曲线所得的磷浓度,mg/L;V:显色体积,mL;ts:分取倍数,即加入的淋洗液与吸取的进行比色的淋出液体积的比值;m:风干土的质量,g。本实验中风干土质量为 20 g。

(2) 水溶性磷在土壤中被固定的百分率

$$\text{磷固定百分率}=\frac{\text{淋洗液磷(mg/L)}-\text{淋出液磷(mg/L)}+\text{对照淋出液磷(mg/L)}}{\text{淋洗液磷(mg/L)}}\times 100\%$$

【注意事项】

① 滴管、试管必须洁净，用前应以蒸馏水漂洗，被测液和溶剂滴加时应求准确一致，如显色失常应重复试验。

② 根据计算比较淋洗液和淋出液磷浓度变化，判断土壤中是否有磷的固定现象。

③ 可设置不同土类或质地的土壤的磷的固定试验。

④ 用这种淋洗装置同样可以设计硝态氮和铵态氮在土壤中的负吸附和吸附试验等方案。

思 考 题

(1) 在土壤中平衡后的溶液中的水溶性磷浓度比加入的磷溶液浓度增加了还是减少了？其结果说明了什么？

(2) 为什么水溶性磷在土壤中会发生固定现象？

实验 27　肥料粒度和抗压强度的测定

【实验目的】

粒度的测量是一项重要的物理试验，它常像化学分析一样频繁用于各种化肥。几乎所有的正规厂商都要定期检查粒度，粒度控制的重要性随产品类型、预定贮运方法及最终用途而改变。肥料颗粒必须有足够的机械强度，以经得起一般的搬运而不破碎，避免过多地碎落成粉末。因此，肥料粒度和抗压强度的测定具有重要意义。

【实验原理】

肥料的粒度主要由以下几种因素控制：

(1) 农艺和贮运效果

水溶性很低的肥料通常要碾成小颗粒，以便确保它在土壤中有效地迅速溶解，并被植物吸收，如许多磷矿石、热制磷肥、金属氧化物及玻璃肥料等。但磨细的物料常常引起大量粉尘和装卸困难。另外，在堆放或袋装贮存期间很容易结成硬块，常需用大量劳动力去打碎这些大块，否则不适合在田间施用，因此，自 20 世纪 50 年代初期，造粒技术迅速发展，使得贮存和性能有了很大改进，而且它具有更好的流动性，更利于机械施肥。美国颗粒肥料通常采用的标定范围是 1.00～3.35 mm，即可通过美国标准 6 目筛网，但不能通过 18 目筛网。

在欧洲国家和日本肥料粒度一般稍大一些，粒度一般为 2.0～4.0 mm(美国标准 5～10 目筛网)。为适应从空中机播化肥，防止被风吹散，减少在枝叶上停留，已出现特大直径的颗粒肥(约大于 4 mm)，多用于森林的机播，生产者已生产“森林级”尿素或大颗粒硝铵。

(2) 掺混性能

自从散装掺混肥料作为混合和分配颗粒肥料的一个重要体系出现以来，粒度的控制被认为是减少混合物分离趋势的一种重要方法。早期的掺混肥料，不考虑粒度的配合就将物料混合，结果在贮运中混合物料很容易分离。后来研究发现，混合组分的粒度配合是抗分离混合肥料生产的决定因素。而其他物理性质，如密度、颗粒形状等，其影响较粒度要小得多。要确保掺混肥料有良好的抗分离性能或良好的粒度配合，应要求混合物料不仅在粒度的上、下限范围内必须一致，而且在这些范围内粒度分布也必须相似。粒度分布曲线的一致性应在±10%以内，这是一个有效准则，否则易发生分离。

肥料颗粒需有足够的机械强度，机械强度分三种类型：抗压强度、耐磨性和抗冲击强度。肥粒颗粒硬度试验一般只测量这些类型强度中的一项。在多数情况下，一项指标合格，其他也就合格了。本试验分别测定肥粒的粒度和抗压强度。其中，肥料粒度是通过对代表性样品进行“筛分”来测量粒度分布。肥料颗粒的硬度是用手指压力计和刻度抗压试验机来测量单个颗粒的抗压强度。

【实验设备及用品】

一套标准金属网筛(美国标准 4、6、8、10、14、18 和 30 目筛)或者近似相等的其他筛系。百分之一天平，手指压力计，刻度抗压试验机，机械或手摇振动器。

【实验步骤】

(1) 肥料粒度的测定

① 代表性样品的采集：由于化肥堆上、堆下的粒度会严重分离，必须多点取样组成混合样品并缩至 250～500 g。取样必须能代表化肥的平均粒度。

② 过筛：可用机械或手摇振动器摇动筛子 5 min。若没有振动器，可用手摇动整套筛子并在桌上轻轻地敲，以有效地进行筛分。用手摇动样品很费时间，对较细样品，重现性较差。

③ 称量：用百分之一天平分别将各粒级肥料称量，肥料总量最高可达 500 g。对于一般试验，精度可最低为 0.1 g 以内。

④ 计算粒度分布：将各粒级肥料质量除以总质量，求出各自所占的质量分数。

(2) 肥料颗粒硬度的测定

① 筛分：方法同上。筛分目的是区分不同粒径的颗粒，一般随粒径增大，抗压强度增大，因此，只就大小相同的颗粒进行抗压强度比较。

② 取大小相同的某粒级的颗粒 15～20 粒，用压力计进行测定，取破碎时刻度盘读数的平均值。

③ 如果没有压力计，也可用简单的手指压力试验测定①

a. 能在拇指和食指之间压碎的颗粒被分为“软的一类”；

b. 如果用食指在一个硬表面上可以将其压碎，这种颗粒被分为“中等硬度类”；

c. 如果无法用食指在一个硬表面压碎的，也就是颗粒仍保持原状，被分为“硬的一类”。

思　考　题

(1) 为何必须检测肥料粒度和抗压强度?

(2) 测定肥料粒度和抗压强度分别可以采用什么方法?

---

①　在使用此法时，必须至少压 10 个(或更多)，获得一个平均值。同样，只有大小相当的颗粒可以比较，因为抗压强度随粒度增加而大大增加。

实验 28　尿素含氮量的检测与评价

——H_2SO_4 消煮甲醛法(综合性)

【实验目的】

尿素是目前施用最多的氮肥之一。为了对尿素的质量进行检测;进行肥料试验,以便于制定施肥计划,正确地确定作物的施肥量,必须测定尿素中的含氮量。

【实验原理】

尿素加入浓 H_2SO_4,加热分解,生成$(NH_4)_2SO_4$,即

$$CO(NH_2)_2 + H_2SO_4 + H_2O \longrightarrow (NH_4)_2SO_4 + CO_2 \uparrow$$

多余的 H_2SO_4 被碱中和后,在中性溶液中,铵盐与甲醛作用生成六次甲醛四胺和相当于铵盐含量的酸,在指示剂(甲基红、酚酞)存在下,用 NaOH 标准溶液滴定。根据碱液用量,即可计算出肥料中铵态氮含量。

【实验设备及用品】

(1) 实验所需仪器

万分之一分析天平,滴定管,电热板或电炉,石棉网。

(2) 试剂的配制

① 浓 H_2SO_4(分析纯)。

② 7 mol/L NaOH 溶液:称取 NaOH(分析纯)28 g,溶解后稀释至 100 mL。

③ 0.5 mol/L NaOH 标准溶液:称取 NaOH(分析纯)20 g 溶解,定容至 1000 mL。待标定。

标定的方法如下:

a. 0.5 mol/L 苯二甲酸氢钾标准溶液的配制:称取经 105℃烘过的苯二甲酸氢钾(分析纯)10.2110 g,溶于水,定容至 100 mL。

b. NaOH 标准溶液的标定:取 0.5 mol/L 苯二甲酸氢钾溶液 10 mL 于 150 mL 三角瓶中,加入酚酞 2 滴,用待标定的 0.5 mol/L NaOH 溶液滴定,由无色变至微红色,保持半分钟不褪色,即为终点。

④ 0.2%甲基红指示剂:甲基红 0.2 g 溶于 100 mL 95%酒精中。

⑤ 0.5%酚酞指示剂:酚酞 0.5 g 溶于 100 mL 95%酒精中。

⑥ 25%甲醛溶液:取 37%甲醛(分析纯,甲醇含量≤1%,必要时需蒸馏),加酚酞 2 滴,用 0.5 mol/L NaOH 调节至溶液刚变为微红色,加水至 100 mL。

【实验步骤】

① 称取尿素样品 0.5000 g 放入 250 mL 三角瓶中,用少量蒸馏水洗下粘在三角瓶口上的细粒后,加浓 H_2SO_4 3 mL,摇匀。瓶口上放一短颈小漏斗,在通风柜内,于电炉上(放石棉网)慢慢加热至无剧烈的 CO_2 气泡逸出,加热煮沸,使 CO_2 逸尽。当产生浓 SO_3 白烟时,继续加热 20 min,取下冷却。

② 冷却后,用水冲洗漏斗和瓶壁,加水 30 mL,再加甲基红指示剂 2 滴,用 7 mol/L NaOH 溶

液中和剩余酸；中和至接近终点时，改用 0.5 mol/L NaOH 溶液中和，直至溶液变为金黄色，然后加入中性甲醛溶液 15 mL(溶液即由金黄色变为红色)。

③ 加入酚酞 3～4 滴，放置 5 min。用 0.5 mol/L NaOH 标准溶液滴定。滴定过程中，溶液由红色变成金黄色，再由金黄色变为淡红色，即达到终点。

【结果与分析】

$$\omega(\mathrm{N})=\frac{c\times V\times 14.01\times 10^{-3}}{m}\times 100\%$$

式中，ω：尿素中氮的质量分数；c：NaOH 标准溶液的浓度，mol/L；V：NaOH 标准溶液滴定体积，mL；14.01：氮原子的摩尔质量，g/mol；10^{-3}：将 mL 换算成 L 的系数；m：样品质量，g。

两次平行测定结果的允许误差≤1.5%。

【注意事项】

① 消煮时必须消煮至白烟发生，使尿素分解完全。

② 尿素应符合部颁标准要求(表 28-1)：

表 28-1　尿素标准

指标名称	结晶状		颗粒状	
	一级品	二级品	一级品	二级品
ω(N，以干基计)/(%)≥	46.3	46.1	46.2	46.0
ω(缩二脲)/(%)≤	0.5	1.0	1.0	2.0
$\omega(H_2O)$/(%)≤	0.5	1.0	0.5	1.0

思　考　题

(1) 为何测定尿素含氮量时，必须先用浓硫酸消煮？

(2) 甲醛法测定铵态氮肥中氮时，为何先要中和？

实验 29　铵态氮肥中氮的测定

【实验目的】

铵态氮肥包括有氨水、NH_4HCO_3、$(NH_4)_2SO_4$、NH_4NO_3 及 NH_4Cl。氨水和 NH_4HCO_3 可用中和滴定法直接测定其中的氮量。但其余氮素化肥均不能用酸量法，可选用蒸馏法和甲醛法，甲醛法测铵态氮肥中的含氮量被列为部颁标准方法。本实验主要目的在于掌握氮肥测定中的甲醛法。

【实验原理】

硫酸铵等铵盐溶液中铵离子能与甲醛作用生成六次甲基四胺和等当量的游离酸，以 $(NH_4)_2SO_4$ 为例，其反应为

$$2(NH_2)_2SO_4 + 6HCHO \longrightarrow (CH_2)_6N_4 + 2H_2SO_4 + 6H_2O$$

根据消耗标准碱液的体积，即可求出 $(NH_4)_2SO_4$ 中的含氮量。

由于一些化肥中可能含有一些游离酸，甲醛溶液中也常含有一些有机酸，比如甲酸。这些酸都影响到测定结果，因此，在测定之前要先用碱中和其中的酸。

【实验设备及用品】

(1) 实验所需主要仪器

万分之一电子天平，滴定管，电炉。

(2) 试剂的配制

① 0.5 mol/L NaOH 标准液：称 NaOH 10 g 于 500 mL 蒸馏水中，不断搅拌，冷却后贮于带胶塞的玻璃瓶或塑料瓶中。如有沉淀可过滤，以邻苯二甲酸氢钾标定之。标定方法参见“实验 28 尿素含氮素的测定与评价”。

② 0.05 mol/L NaOH 溶液：取上述溶液稀释 10 倍。

③ 18%甲醛溶液：取 37%甲醛溶液 500 mL，加 500 mL 水稀释后加几滴酚酞指示剂，滴加 0.1 mol/L NaOH 溶液至呈微红色出现。

④ 甲基红指示剂：称取甲基红 0.1 g 溶于 60 mL 95%乙醇中，加水稀释至 100 mL。此指示剂变色点为 5.7。

⑤ 酚酞指示剂：酚酞 1 g 加 60 mL 95%乙醇溶解，加水稀释至 100 mL。此指示剂变色点为 8.3。

【实验步骤】

准确称取化肥样品 4 g，溶解于蒸馏水中，然后转入 100 mL 容量瓶中，定容。以移液管吸取 25 mL 溶液移入 250 mL 三角瓶中，加甲基红指示剂 3 滴，如呈红色，则以 0.05 mol/L NaOH 溶液小心中和至浅金黄色，切勿过量(不记录 NaOH 用量)。用量筒加 18%的中性甲醛溶液20 mL，加水 20 mL，放置 5 min 或加热到 40℃，滴加 3 滴酚酞指示剂，在充分摇动下，用 0.5 mol/L NaOH 标准溶液滴定，仔细观察溶液颜色的变化：先为红色，逐渐变为黄色，最后由黄色突变为橙红色即为滴定终点。

【结果与分析】

$$\omega(\mathrm{N})=\frac{c\times V\times 0.01401}{m\times\frac{25}{100}}\times 100\%$$

式中，ω：铵态氮肥中氮的质量分数；c：氢氧化钠标准液的浓度，mol/L；V：消耗氢氧化钠标准液的体积，mL；m：样品的质量，g；0.01401：氮原子的毫摩尔质量，g/mmol。

思　考　题

（1）铵态氮肥中氮的测定主要有哪几种方法？

（2）甲醛法测定铵态氮肥中氮的原理是什么？

（3）甲醛法测定铵态氮肥中氮时，为何要先调 pH？

实验30　过磷酸钙中有效磷的测定

——矾钼黄比色法

【实验目的】

有效磷包括水溶性磷和柠檬酸溶性磷。有效磷是衡量过磷酸钙品质的指标。为了鉴定过磷酸钙品质或拟订施肥计划，正确地确定施肥量，必须测定其有效磷的含量。

【实验原理】

用20 g/L柠檬酸溶液（$C_6H_8O_7 \cdot H_2O$）一次浸提过磷酸钙中的有效磷，其中包括$Ca(H_2PO_4)_2$、$CaHPO_4$和游离H_3PO_4。浸出液中的正磷酸盐与钒钼酸铵在酸性条件下生成黄色的三元杂多酸（$P_2O_5 \cdot V_2O_5 \cdot 22M_OO_3 \cdot nH_2O$），其黄色深度与溶液中磷的含量成正比，因此，可以通过比色法测定其含量。

此法显色稳定时间24 h，适测磷P的范围约为1～20 mg/kg。

【实验设备及用品】

(1) 主要仪器设备

振荡器，分光光度计。

(2) 试剂的配制

① 20 g/L柠檬酸溶液：称取结晶柠檬酸（$C_6H_8O_7 \cdot H_2O$，分析纯）20 g，溶于水中，稀释至1 L。

② 100 mg/L磷（P_2O_5）标准溶液：准确称取磷酸二氢钾（KH_2PO_4分析纯，105℃烘干）1.9176 g于400 mL烧杯中，用少量水溶解，移入1 L容量瓶，加水至约400 mL，加浓HNO_3 5 mL，用水定容，混匀，此为1000 mg/L P_2O_5贮备液，可久贮。准确吸取50 mL贮备液于500 mL容量瓶中，用水定容，混匀。此为100 mg/L P_2O_5标准溶液。

③ 钒钼酸铵溶液：

A液：称取钼酸铵（$(NH_4)_6Mo_7O_{24} \cdot 4H_2O$）25 g，溶于400 mL水中；

B液：称取偏钒酸铵（NH_4VO_3）1.25 g溶于300 mL沸水中，冷却后加浓HNO_3 250 mL，再冷却。

将A液慢慢倒入B液中，搅匀，用水稀释至1 L，贮于棕色瓶中，即为钒钼酸铵溶液。

【实验步骤】

(1) 有效磷的浸提

称取混匀的过磷酸钙样品（1 mm）1.000 g于250 mL三角瓶中，加入柠檬酸溶液100 mL，盖紧塞子，在20～25℃下振荡30 min，用干燥滤纸和器皿过滤，并弃去最初的滤液。

(2) 有效磷的测定

吸取滤液1.00 mL（含P_2O_5 0.5～2 mg），放入50 mL容量瓶中，加水至约35 mL，准确加入10 mL钒钼酸铵溶液，用水定容，摇匀。放置20 min后，在分光光度计上以470 nm波长比色测定。同时做试剂空白试验，以空白溶液调节吸收值为零点，测定试液吸收值。

(3) 工作曲线绘制

分别吸取 100 mg/L P_2O_5 标准溶液 0.0(空白)，2.5，5.0，7.5，10.0，15.0，20.0 于 50 mL 容量瓶中，各加与吸取样液相同体积的空白溶液，加水至约 35 mL，此时，标准系列溶液 P_2O_5 的质量浓度依次为 0，5，10，15，20，30，40 mg/L。用(2)中操作步骤显色和比色，测得各瓶溶液的吸收值。以吸收值为纵坐标，磷(P_2O_5)浓度为横坐标，用 Excel 绘制工作曲线。

【结果与分析】

$$\omega(P_2O_5)=\frac{c\times V\times ts}{m\times 10^6}\times 100\%$$

式中，$\omega(P_2O_5)$：过磷酸钙中有效磷(P_2O_5)的质量分数；c：测得显色液中磷(P_2O_5)的质量浓度，mg/L；V：显色液定容体积，mL；ts：分取倍数；m：试样质量，g；10^6：单位换算系数。

允许相对偏差$<3\%$。

【注意事项】

① 对于浸出液有颜色或含有非正磷酸盐并可与钒钼酸形成有色络合物的肥料，不宜用此法。

② 试样与浸提剂的比例、浸提时间和温度等对有效磷的浸出量有很大影响，应按规定条件浸提。

③ 当试样含磷(P_2O_5)量低时，可多取滤液体积，但不能超过 5 mL。因为柠檬酸浓度过大(>2000 mg/L)，对磷的显色有抑制作用。

④ 此处所用钒钼酸铵溶液是硝酸系统的。如在 HCl、H_2SO_4 介质中，则钒钼酸铵溶液应改用 HCl、H_2SO_4 系统配制，也能获得满意结果。比色液的酸浓度应为 0.5～1.0 mol/L。若酸浓度太高，显色慢而不完全，甚至不显色；低于 0.2 mol/L，则易产生沉淀物，对比色有干扰。

⑤ 当室温低于 15℃时显色较慢，需要 30 min 以上才能显色完全，稳定时间可达 24 h。

思　考　题

(1) 用柠檬酸浸提过磷酸钙，浸提液包括哪些形态的有效磷？

(2) 矾钼黄比色法测定水溶性磷肥有何优缺点？

实验31　有机肥料粗灰分和有机质总量的测定

【实验目的】

有机肥料成分比较复杂，有些肥料中含有大量泥土，有机质含量则不高，因此在鉴定有机肥料时，也常需测定其有机物总量，作为评价品质的指标之一。测定方法一般有灼烧法和重铬酸钾容量法，但是有机肥料中的有机物质含量较高，且不均匀，称样过少，则误差较大。因此，重铬酸钾容量法在测定有机肥的有机质时并不理想。灼烧法则操作简便快捷。

【实验原理】

风干磨细的有机肥料，首先在电炉上炭化，然后放入550℃高温炉中灼烧除去有机质，但不破坏泥土中主要矿物的晶格，因此测定灼烧失重，即可作为有机物质总量，残渣量即为粗灰分。

【实验设备及用品】

高温电炉，瓷坩埚，坩埚钳，万分之一分析天平。

【实验步骤】

称取风干磨细的1 mm有机肥料样品约1.0000 g (m)置于已称质量(m_0)的瓷坩埚中，于105～110℃干燥箱中烘干2 h，冷却，称量(m_1)。用搅棒(将电炉丝绕于玻棒顶端)将坩埚内样品铺成薄层，放在电炉上缓慢炭化，逐渐提高温度，直至不冒烟为止。注意，炭化温度不能太高，防止样品燃烧。然后将其转入高温炉中灼烧，逐渐升高温度，至炉温达到525℃后，继续灼烧2 h。取出稍冷后，用坩埚钳放入干燥器中，放冷至室温，称量。用干燥的玻璃棒轻轻搅拌样品(注意，不要带出样品)，再放在高温炉中灼烧30 min，同样冷却，称量。如此反复操作，直至恒定(m_2)。

【结果与分析】

(1) 以烘干有机肥为基数的有机物含量：

$$\omega(\text{肥料有机物})/(\%)=\frac{m_1-m_2}{m_1-m_0}\times 100$$

(2) 以风干有机肥料为基数的有机物含量：

$$\omega(\text{肥料有机物})/(\%)=\frac{m_1-m_2}{m}\times 100$$

(3) 以烘干有机肥料为基数的粗灰分含量：

$$\omega(\text{肥料粗灰分})/(\%)=\frac{m_2-m_0}{m_1-m_0}\times 100$$

(4) 以风干有机肥料为基数的粗灰分含量：

$$\omega(\text{肥料粗灰分})/(\%)=\frac{m_2-m_0}{m}\times 100$$

式中，m：风干有机肥料样品质量，g；m_0：瓷坩埚质量，g；m_1：灼烧前烘干有机肥料样品质量＋瓷坩埚质量，g；m_2：灼烧后残渣质量＋瓷坩埚质量，g。

【注意事项】

① 在样品中加几滴乙醇，可使样品在灰化时疏松。

② 炭化开始时温度不宜过高，否则可能使部分样品颗粒溅出，或使样品明火燃烧而造成损失。只有在样品不冒烟后才能升高温度。

思　考　题

(1) 粗灰分和有机质总量是什么关系，二者间如何换算？

(2) 干烧法测定有机肥料粗灰分和有机质总量时的温度应为多少？

实验 32　有机肥料样品的采集、制备及氮、磷和钾含量的测定

【实验目的】

有机肥料有粪肥、厩肥、堆肥、绿肥以及其他许多杂肥。有机肥料的分析包括全量氮、磷、钾和速效氮、磷、钾及微量元素含量等。速效性氮、磷、钾的高低是衡量有机肥料品质优劣的标志，同时也是有机肥和无机肥配合施用的依据。有机肥料全氮的测定，一般采用凯氏定氮法，其中，消煮液可用常量蒸馏或半微量蒸馏、滴定，也可采用扩散法和比色法，还有氨气敏电极法。

有机肥料中全磷、全钾的测定，可采用干灰化法和湿灰化法。干灰化法和湿灰化法都比较快速，简单易行。灰化后可用磷钼酸喹啉容量法、磷钼酸铵容量法或钼黄比色法来确定其中磷的含量。有机肥料中全钾的测定，可用火焰光度法、原子吸收光谱法，也可用四苯硼钠容量法或重量法来测定其中钾的含量。

有机肥料中速效钾的测定，一般采用 0.05 mol/L($1/2H_2SO_4$)溶液或 1 mol/L NaCl 溶液将铵态氮和硝态氮提取出来。提取液中的硝态氮用还原剂，使其还原为铵态氮，然后进行蒸馏、滴定，以确定其中氮的含量。

一、有机肥料样品的采集与制备

1. 有机肥料样品的采集

有机肥样品的采集，应根据肥料种类、性质、研究的要求(如各种绿肥的样品采集期和部位)的不同，采用不同的采样方法。

(1) 堆肥、厩肥、草塘泥、沤肥等样品的采集

它们一般在室外呈堆积状态，必须多点采样。点的分布应考虑到堆的上、中、下部位和堆的内外层，或者在翻堆时采样，点的多少视堆的大小而定。一般一个肥料堆可取 20～30 点，每个点取样 0.5 kg，置于塑料布上，将大块肥料捣碎，充分混匀后，以四分法取约 5 kg，装入塑料袋中并编号。

准确称取 1～2 kg，摊放在塑料布上，令其风干。风干后再称量，计算其水分含量，以作为计算肥料中养分含量的换算系数。

(2) 人畜粪尿及沼气肥料采样

将肥料搅匀，用铁制或竹制的圆筒，分层分点采样，混匀后送样品室处理。

(3) 新鲜绿肥样品的采集

在绿肥生长比较均匀的田块中，视田块地形状大小，按"S"形随机布点，共取 10 个点，每点采取均匀一致的植株 5～10 株，送回室内处理。

采集的样品往往数量大，随放置时间的延长其成分会有变化，必须及时制备。测定其成分含量时，除测定有机肥料的全氮、速效性氮或有特定要求的需采用新鲜样品外，一般采用干样品。

2．有机肥料样品的制备

(1) 堆肥、厩肥、草塘泥、沤肥等样品的制备

首先将样品送到风干室，进行风干处理；然后把长的植物纤维剪细，肥块捣碎混匀，用四分法缩分至 250 g；再进一步磨细全部通过 40 目筛，混匀，置于广口瓶内备用。

(2) 人畜粪尿及沼气肥料的制备

先将样品搅匀，取一部分过 3 mm 筛子，使固体和液体分离。固体部分称量后，按上述处理，即风干，磨细，过筛，并计算干物质的含量；液体部分根据分析目的要求进行处理，并计算固体和液体部分之间的比例，以便计算肥料的总养分含量。

(3) 新鲜绿肥样品的制备

与植物组织样品的采集、制备相同。先将鲜样在 80～90℃烘箱中鼓风烘 15～30 min(松软组织烘 15 min，致密坚实的组织烘 30 min)，然后降温至 60～70℃，逐尽水分。样品在粉碎和储藏过程中，又会吸收空气中的水分。所以，在精密分析称样前，还需将粉碎的样品在 65℃(12～24 h)或 90℃(2 h)再次烘干，一般常规分析则不必。

在测定有机肥料的全氮和速效性氮时，必须注意样品采集后，应尽快进行测定，否则会因水分的蒸发和微生物的活动引起养分的损失。特别是高温季节，尤为重要，最多不超过 24 h，否则必须进行冷冻或固定处理。有机肥料的全磷、钾的测定，可以用风干样品。有机肥料样品水分的测定，应视肥料的种类、含水量等情况选择合适的烘干方法，一般可用 105℃烘干至恒定。

二、有机肥料中氮的测定

有机肥料含硝态氮较多，测定全氮时必须包括硝态氮，否则全氮分析结果可能偏低(沤肥不含硝态氮，其全氮测定与土壤相同)。在全氮测定中包括硝态氮时，一般先用水杨酸固定硝态氮，再用还原剂将被固定的硝态氮还原成氨基，或在碱性介质中用铬粒还原硝态氮，然后按开氏法继续消煮。

(一) 有机肥料全氮的测定(硫酸-水杨酸-催化剂消化法)

【实验原理】

样品中硝态氮在 H_2SO_4 存在下与水杨酸反应生成硝基水杨酸，加硫代硫酸钠或锌粉还原剂，使硝基水杨酸还原为氨基水杨酸；或经还原处理后，再加入混合盐催化剂消化，把有机氮转化为无机氮，加碱蒸馏定氮。

【实验设备及用品】

① 混合催化剂：分别称取硒(Se)粉 1 g，$CuSO_4 \cdot 5H_2O$ 10 g，K_2SO_4 100 g 磨细，过 0.25 mm 筛，混匀。

② 含水杨酸的浓 H_2SO_4：每升浓硫酸中加入水杨酸($C_6H_4(OH)COOH$) 32 g。

③ 40%NaOH 溶液：称取 NaOH 400 g，加入少量的水溶解，然后补足至 1000 mL。

④ 混合指示剂：溴甲酚绿 0.099 g 和甲基红 0.066 g，溶于 100 mL 乙醇中。

⑤ 硼酸吸收液(2%)：称取硼酸(H_3BO_3)60 g，溶于 2500 mL 水中，加混合指示剂 60 mL，用 0.1 mol/L NaOH 调节 pH 为 4.5～5.0(紫红色)，然后加水至 3000 mL。

⑥ 0.01～0.02 mol/L 标准酸($1/2H_2SO_4$)：量取浓 H_2SO_4 3 mL 加入 10000 mL 水中，混匀。标定参照附录一。

【实验步骤】

称取过 1 mm 筛的风干样 0.500～1.100 g，放入 100 mL 开氏瓶或消煮管中，加入含水杨酸的硫酸 10 mL，放置 30 min 后，加入硫代硫酸钠 1.5 g 及水 10 mL，微热 5 min，冷却。加入混合催化剂 3.5 g，充分混合内容物，低温加热，至泡沫停止后，瓶口加一小漏斗，升高温度至颜色变白。继续消煮 30 min，冷却后将消煮液定量地移至 100 mL 容量瓶，冷却后定容。吸取 25 mL 消煮液进行蒸馏、滴定(方法同土壤全氮测定)。在样品测定的同时做空白试验。

【结果与分析】

$$\omega(\text{全氮})=\frac{c(V-V_0)\times 14.01\times 10^{-3}\times ts}{m}\times 100\%$$

式中，ω：有机肥料中全氮的质量分数；c：标准酸($1/2H_2SO_4$)的浓度，mol/L；V：样品滴定时消耗标准酸($1/2H_2SO_4$)的体积，mL；V_0：空白试验时消耗标准酸($1/2H_2SO_4$)的体积，mL；14.01：氮原子的摩尔质量，g/mol；ts：分取倍数，ts＝消化后定容体积(mL)/测定时吸取待测液体积(mL)；m：干样品的质量，g。

【注意事项】

① 此法可回收约 60％的硝态氮。若不考虑硝态氮这一部分，又要同时测定肥料中磷和钾，可采用硫酸-高氯酸法或硫酸-过氧化氢法消煮。

② 样品与水杨酸混合约要放置 30 min，目的是让水杨酸和硝酸根充分反应。在此过程中防止发热或加热，否则会引起硝酸根挥发损失。

(二) 有机肥料全氮的测定(硫酸-铬粒-混合催化剂消煮法)

【实验原理】

铬粒在稀酸介质中，先将样品中的无机硝态氮还原为铵态氮后，继续加入浓硫酸和混合催化剂消化有机氮为硫酸铵，然后加碱蒸馏、滴定。

【实验设备及用品】

铬粒：含 99％铬的金属铬，其他试剂配制同上法。

【实验步骤】

称取过 1 mm 筛的风干样 0.500～1.100 g，放入 250 mL 开氏瓶或消煮管中，加入铬粒 0.6 g 和 2 mol/L 盐酸 20 mL，摇匀。放在电炉上低温加热 5 min，使铬粒完全溶解，继续加热沸腾至大部分水分蒸发，冷却至室温，加入浓硫酸 10 mL 和混合催化剂 3.5 g，充分混匀，瓶口加一小漏斗，在电炉上消化到溶液变清，沉淀物成白色，继续消煮 30 min，冷却后将消煮液定量地移至 100 mL 容量瓶，冷却后定容。吸取消煮液 25 mL 进行蒸馏、滴定(同土壤全氮测定)。在样品测定的同时做空白试验。

【结果与分析】

$$\omega(\text{全氮})=\frac{c(V-V_0)\times 14.01\times 10^{-3}\times ts}{m}\times 100\%$$

式中，ω：有机肥料中全氮的质量分数；c：标准酸($1/2H_2SO_4$)的浓度，mol/L；V：样品滴定时消耗标准酸($1/2H_2SO_4$)的体积，mL；V_0：空白试验时消耗标准酸($1/2H_2SO_4$)的体积，mL；14.01：氮原子的摩尔质量，g/mol；ts：分取倍数，ts＝消化后定容体积(mL)/测定时吸取待测液体积(mL)；m：干样品的质量，g。

【注意事项】

① 铬粒和盐酸反应产生大量氢气，在有机肥料样品中易产生泡沫冲上瓶颈或溢出瓶外造成损失。

② 溶液中由于有 Cr^{3+} 离子影响，不易判断是否变清，沉淀亦因 Cr^{3+} 的影响不完全是白色，应注意掌握消煮的完全程度。

（三）有机肥料中速效氮的测定（$1\ mol \cdot L^{-1}$ NaCl 浸提-Zn-$FeSO_4$ 还原蒸馏法）

【实验原理】

用 1 mol/L NaCl 溶液浸提，使吸附态、交换态的氨态氮和硝态氮溶解在溶液中，在强碱性介质中，用 Zn-$FeSO_4$ 粉还原硝态氮为氨态氮，同时进行蒸馏定氮。

【实验设备及用品】

① 40%NaOH 溶液：称取 NaOH 400 g，加水溶解，然后补足至 1000 mL。

② 1 mol/L NaCl 溶液：称取 NaCl 58.5 g 溶于 1 L 水中。

③ 2%硼酸吸收液、混合指示剂的配制与全氮测定相同。

④ 锌粉-硫酸亚铁还原粉剂：称取锌粉 10 g 和硫酸亚铁（$FeSO_4 \cdot 7H_2O$）50 g 在瓷钵中研磨，通过 0.25 mm 孔筛，盛在棕色瓶中密封备用。有效期 7 天。

⑤ 0.01～0.02 mol · L^{-1} 标准酸（$1/2H_2SO_4$）：配制同“有机肥料全氮的测定”。

【实验步骤】

称取经压碎混匀的新鲜样品 10.0 g 于 250 mL 三角瓶中，加 1 mol/L NaCl 溶液 50 mL，在振荡机上振荡 15 min，用干滤纸过滤。

吸取滤液 25.0 mL 于半微量定氮蒸馏装置中，加 Zn-$FeSO_4$ 还原粉剂 1.2 g，用少量水冲洗漏斗，加入 400 g/L NaOH 溶液 5 mL，进行蒸馏和滴定。

【结果与分析】

$$\omega(\text{全氮}) = \frac{c(V - V_0) \times 14.01 \times 10^{-3} \times ts}{m} \times 100\%$$

式中，ω：有机肥料中速效氮的质量分数；c：标准酸（$1/2H_2SO_4$）的浓度，mol/L；V：样品滴定时消耗标准酸（$1/2H_2SO_4$）的体积，mL；V_0：空白试验时消耗标准酸（$1/2H_2SO_4$）的体积，mL；14.01：氮原子的摩尔质量，g/mol；ts：分取倍数，ts＝消化后定容体积（mL）/测定时吸取待测液体积（mL）；m：干样品的质量，g。

【注意事项】

① 随放置时间的延长，铵态氮和硝态氮有变化，因此，必须用新鲜样品。

② 不含硝态氮的沤制肥料，如草塘泥、沤肥和沼气池泥等可不加还原剂。

三、有机肥料中全磷、钾的测定

测定有机肥料全磷、钾，首先要把样品中有机态的磷以及矿物态的磷、钾经消化转化成相应的磷酸和可溶性的钾盐才能进行测定。消化方法有干灰化法和湿灰化法。干灰化法是把样品经高温灰化之后，残渣用稀盐酸溶解制成供磷、钾测定的溶液。干灰化法必须控制温度不超过500℃，否则可能会引起磷、钾的损失。湿灰化法常用 HNO_3-H_2SO_4-$HClO_4$ 或 H_2SO_4-HNO_3，而植物性肥料，如各种绿肥或秸秆堆沤的用 H_2SO_4-H_2O_2 消煮亦可取得同样的效果。溶液中磷的定量可采用磷钼喹啉重量法或容量法和钒钼黄比色法，而钾可采用四苯硼钠重量法或容量法和火焰光度法。

(一) 有机肥料全磷的测定(H_2SO_4-HNO_3 消煮—钒钼黄比色法)

【实验原理】

样品经过消煮后，所有难溶性磷和有机磷均转化为无机磷。待测液中正磷酸能与偏钒酸盐和钼酸盐在酸性条件下作用，形成黄色的杂聚化合物钒钼酸盐。溶液的黄色很稳定，其深浅与磷含量成正比，可用比色法测定磷的含量。比色时可根据溶液中磷的浓度选择比色波长 400～490 nm，磷的浓度高时选择较长的波长，较低时选用较短的波长。本法操作简便快速，准确度和重复性较好，相对误差为 1%～3%；灵敏度较钼蓝法低，适测范围为 1～20 mg/L；对酸的浓度要求不严格，容易控制，在 HNO_3、HCl、H_2SO_4、$HClO_4$ 等介质中都可适用；干扰离子少，特别是 Fe^{3+} 的允许量远高于钼蓝法。因此，该法广泛用于植物和有机肥料样品中磷的测定。

【实验设备及用品】

① 钒钼酸试剂：称取钼酸铵($(NH_4)_6Mo_7O_{24}\cdot 4H_2O$)12.5 g 溶于 200 mL 热水中。另称取偏钒酸铵(NH_4VO_3)0.625 g 溶于 150 mL 沸水中，冷却后加浓硝酸 125 mL。待两液均冷却后，将钼酸铵溶液缓缓地注入钒酸铵溶液中，边加边搅拌，冷却后用水稀释至 500 mL。

② H_2SO_4-HNO_3 混合液：浓硫酸和浓硝酸 1∶1 混合即可。

③ 6 mol/L NaOH 溶液：称 NaOH 24 g 溶于蒸馏水中，冷却后稀释至 100 mL。

④ 2,6-二硝基酚指示剂：称取 2,6-二硝基酚 0.25 g 溶于 100 mL 蒸馏水中，在棕色瓶中保存。变色范围是 pH 2.4(无色)～4.0(黄色)，变色点为 pH 3.1。

⑤ 50 mg/kg 磷的标准液：准确称取 105℃烘干的 KH_2PO_4 0.2195 g，溶于蒸馏水中，转入 1000 mL 容量瓶中，加水约 400 mL，加浓硫酸 5 mL，冷却后定容，摇匀备用。此液含 P 为 50 mg/kg。

【实验步骤】

1. 待测液的制备

称取过 1 mm 试样 1.000 g 于 100 mL 开氏瓶中，加入 H_2SO_4-HNO_3 混合液 13 mL，先在低温加热至棕色烟消失，然后再高温继续消煮至出现白烟后再消煮 5～10 min。如消煮液未全部变白，稍冷后再加浓 HNO_3 3～5 mL 继续消煮，直至残渣全部变清。冷却，小心沿瓶壁加入 50 mL 蒸馏水，加热；微沸 1 h 后，冷却，将溶液转入 100 mL 容量瓶中，用水定容。放置澄清，或用干滤纸过滤到干的三角瓶中供磷、钾测定。

2. 待测液中磷含量的测定

吸取清滤液 5～10 mL(含 P 0.05～1.0 mg)，加入 50 mL 容量瓶中，置于 50 mL 容量瓶中，加 2,6-二硝基酚指示剂 2 滴，用 6 mol/L NaOH 溶液中和至刚呈黄色，加入钒钼酸铵试剂 10.00 mL，用水定容。放置 15 min 后，在分光光度计上用波长 450 nm 测光吸收，以空白液调节仪器零点。

3. 标准曲线制作

分别吸取 50 μg/mL 磷标准溶液 0,1.0,2.5,7.5,10.0,15.0 于 50 mL 容量瓶中，操作步骤同上“待测液的测定”。该标准系列磷的浓度分别为 0,1.0,2.5,5.0,7.5,10.0,15.0 μg/mL。

【结果与分析】

$$\omega(\text{全 P})=\frac{c\times V\times ts\times 10^{-4}}{m}\times 100\%$$

式中,ω: 有机肥料中全磷的质量分数;c: 从标准曲线查得显色液 P 的质量浓度,$\mu g/mL$;V: 显色液体积,mL;ts: 分取倍数,ts=消煮液定容体积(mL)/吸取消煮液体积(mL);m: 干样品质量,g。

【注意事项】

HNO_3 沸点较低,为充分发挥其对有机物的氧化作用,必须控制低温,不然 HNO_3 在高温下很快分解。

(二) 有机肥料全钾的测定(H_2SO_4-HNO_3 消煮,火焰光度法)

【实验原理】

有机肥料样品用硫酸和硝酸消煮后,溶液中的钾可用火焰光度法测定。

【实验设备及用品】

1000 mg/L 钾标准液: 准确称取以 105℃ 干燥 6 h 的 KCl 1.9067 g,以水溶解并稀释至 1000 mL。此液为含钾(K)1000 mg/L 原始标准液。

【实验步骤】

1. 标准曲线的制作

用 1000 mg/L 钾标准液制成含钾为 100 mg/L 的标准液。分别吸取 0,10,20,30,40,50 mL 标准液注入不同的 100 mL 容量瓶中,各加 5 mL 经与待测液同样稀释后的空白消煮液,以水定容,即得到含钾为 0,5,10,20,30,40,50 mg/L 的标准系列。在火焰光度计上测定读数后进行标准曲线的绘制。在制备标准系列时,每个标准需加入 2 mol/L 氨水溶液 5~10 mL。

2. 待测液中钾含量的测定

吸取用 H_2SO_4-HNO_3 消煮的待测液 5~10 mL 于 50 mL 容量瓶中,加水 20 mL,摇匀,加入 2 mol/L 氨水溶液 5~10 mL,用水定容至刻度。后续操作同土壤钾含量的测定。

【结果与分析】

$$\omega(\text{全 K})=\frac{c\times V\times ts\times 10^{-4}}{m}\times 100\%$$

式中,ω: 有机肥料中全钾的质量分数;c: 从标准曲线查得显色液 K 的质量浓度,$\mu g/mL$;V: 测定液体积,mL;ts: 分取倍数,ts=消煮液定容体积(mL)/吸取消煮液体积(mL);m: 干样品质量,g。

【注意事项】

① 溶液中的酸度对测定结果有影响(酸的存在将大大降低钠光的强度)。酸浓度在 0.2 mol/L 时对 K、Na 的测定几乎无影响,一般不得超过 0.25 mol/L。

② 标准液和待测液组成,应力求一致。

思 考 题

(1) 有机肥料样品的采集、制备需要注意哪些问题?

(2) 有机肥料中全氮的测定为何先经还原,然后再进行消煮?

(3) 植物性有机肥料中磷、钾的测定是否可以采用浓硫酸-H_2O_2 法消煮?

实验33　目标产量法对作物施肥量的确定(综合性)

【实验目的】

目前,在国内外的施肥推荐中,主要的内容是科学地确定肥料用量。确定施肥总量的方法主要包括地力差减法、土壤养分校正系数法、地力分级法、土壤养分分级指标法、肥料效应函数法等。其中前两种方法都可以归类为目标产量法,因为二者计算施肥量时均要使用目标产量作为参数。目标产量法确定作物施肥量也是在生产实践中最常用、最基本的方法。本试验目的是学会目标产量法确定作物施肥量的方法,熟练掌握和理解土壤有效氮、磷、钾养分测定值的意义,加深对施肥原理和作物营养的认识。

【实验原理】

目标产量配方法是根据作物产量的构成,由土壤本身和施肥两个方面供给养分的原理来计算肥料的用量。先确定目标产量,以及为达到这个产量所需要的养分数量;再计算作物除土壤所供给的养分外,需要补充的养分数量;最后确定施用多少肥料。由于是以实现作物目标产量所需养分量与土壤供应养分量的差额作为确定施肥量的依据,以达到养分收支平衡,所以又称为养分平衡法。

【实验设备及用品】

与测定土壤有效氮、磷和钾的实验(实验32)仪器、设备相同。

【实验步骤】

首先需要确定几个参数:

1. 目标产量和作物养分需要量

实际生产中预计达到的作物产量,是确定施肥量最基本的依据。目标产量是以施肥前三年平均产量为基础,乘以相应的系数,一般粮食作物乘以1.1～1.25(即预期增产10%～25%),经济作物乘以1.2～1.4(即预期增产20%～40%)。若指标定得过高,势必异乎正常地增加肥料用量,农业风险增加;若指标定得太低,土地的增产潜力得不到充分发挥,造成农业生产低水平运作。通过查表(表33-1)或进行实测,得到单位产量养分吸收量,就可以计算出作物需要的养分量。

$$作物养分吸收总量(kg\cdot hm^{-2})=\frac{作物目标产量(kg\cdot hm^{-2})\times 每100\,kg籽粒养分吸收量}{100}$$

表33-1　不同作物形成100 kg经济产量需要养分[①]

作　　物	收获物	氮、磷、钾需要量		
		$m(N)/kg$	$m(P_2O_5)/kg$	$m(K_2O)/kg$
水稻	稻谷	2.1～2.4	1.25	3.13
玉米	籽粒	2.57	0.86	2.14
大豆	籽粒	7.2	1.8	4.0
马铃薯	块茎	0.5	0.2	1.06
春小麦	籽粒	3.00	1.00	2.50

续表

作 物	收获物	氮、磷、钾需要量		
		$m(N)/kg$	$m(P_2O_5)/kg$	$m(K_2O)/kg$
冬小麦	籽粒	3.00	1.25	2.50
甜菜	块根	0.4	0.15	0.6
棉花	籽棉	5.00	1.80	4.00
白菜	营养器官	0.16	0.08	0.18
甘蓝	营养器官	0.2	0.072	0.22
西红柿	浆果	0.39	0.12	0.44
甜椒	果实	0.52	0.11	0.65
茄子	果实	0.32	0.094	0.45
黄瓜	果实	0.26	0.15	0.35

① 指的是100 kg经济产量所需养分的量，其中包括形成相应茎叶的养分。

2. 确定土壤养分供应量

通常可以采用两种方法确定土壤养分供应量：一种是进行田间试验，进行无肥区、缺素区、最佳施肥等试验，一般可以采用"3414"试验设计，根据试验条件和试验目的，酌情选择删减处理；另一种方法是根据土壤有效养分测定值进行换算。前种方法最准确，利用不施肥区养分吸收量确定土壤养分供应量，也是各类测土施肥方法确定养分供应量的标准方法，但周期长，有些没有试验条件的地区不能采用；而后者则快捷方便，但由于土壤养分校正系数随着土壤肥力和施肥量，以及不同作物而发生非线性改变，这些校正系数的准确设定也有一定困难，而且最终要通过田间试验才能获得。

(1) 田间试验法——确定土壤养分供应量

土壤供肥量＝作物无肥区产量×每100 kg籽粒养分吸收量

在有代表性地块上进行缺乏施该元素肥料的田间小区试验，例如，施磷肥、钾肥(无氮肥区)，施氮肥、钾肥(无磷肥区)，施氮肥、磷肥(无钾肥区)的玉米产量分别为5700，6300和6750 kg/hm^2，则该土壤

供氮量为： $5700\ kg\cdot hm^{-2}\times 2.57\ kg/100\ kg=146.49\ kg/hm^2$

供磷量为： $6300\ kg\cdot hm^{-2}\times 0.86\ kg/100\ kg=54.18\ kg/hm^2$

供钾量为： $6750\ kg\cdot hm^{-2}\times 2.14\ kg/100\ kg=144.45\ kg/hm^2$

(2) 土壤养分校正系数

由于土壤有效养分的测定是基于土壤化学原理，选择最适浸提剂，测定土壤有效养分。测出的土壤有效养分含量与作物生长存在较好的相关性，但并不等于作物吸收的那些养分，是一个相对值，它或者比测定值计算的土壤养分量要高，也可能要低。土壤养分测定值不能说明供作物吸收利用的就是这些数量，还因为土壤养分对植物的贡献与土壤肥力、肥料用量、施肥方法有关。一般认为，土壤肥力越高，作物吸收的养分来自土壤里的越多，不同作物对土壤养分的依赖性也不同。因此，计算土壤养分供应量时，不能直接用土壤有效养分计算，而需要进行校正，需要乘以一个校正系数，即土壤养分校正系数。如果应用得当，土壤测定值可以作为配方肥的配方依据。

$$土壤养分校正系数=\frac{不施肥区作物养分吸收量(kg \cdot hm^{-2})}{养分测定值(mg \cdot kg^{-1})}\times 2.25$$

主要旱作试验校正系数为：碱解氮 0.35～0.6；有效磷 0.51～1.98，有效钾 K_2O 为 0.22～0.51。

土壤供肥量/$(kg \cdot hm^{-2})$＝土壤养分测定值(mg/kg)×2.25(kg/hm^2)×土壤养分校正系数

土壤养分校正系数变幅很大：碱解氮有近 2 倍的变幅；有效磷变幅更大，将近 4 倍；有效钾也有 2 倍多的变幅。因此，如果使用不当，得出的施肥量会差异很大，因此，如果没有充分的田间试验结果为基础的情况下，一定要慎重使用土壤养分校正系数。

3. 肥料利用率

肥料养分利用率：是指化肥施用后被作物吸收利用的比率。

$$肥料养分利用率=\frac{(施肥区作物养分总量-对照区作物养分总量)}{肥料中含该肥分总量}\times 100\%$$

确定肥料利用率的方法主要有两种：一是田间差减法，即利用施肥区农作物吸收的养分量减去不施肥区农作物吸收的养分量，然后除以施入的养分量；二是示踪法，即将有一定丰度的 ^{15}N 氮肥或有一定放射性强度的 ^{32}P 磷肥或 ^{88}Rb 化合物(代替钾肥)施入土壤，到成熟后分析农作物所吸收利用 ^{15}N、^{32}P 和 ^{88}Rb 的量。不同肥料利用率的差异很大，氮肥利用率可以从 20%到 60%。确定肥料利用率需要进行多年的田间试验才能获得当地比较准确和有代表性的数据。表 33-2 的肥料利用率可做参考。

表 33-2　常见肥料的利用率

肥　料	利用率/(%)	肥　料	利用率/(%)
硫酸铵、硝酸铵、尿素	水田 20～50	硫酸钾	50～60
碳酸铵、氯化铵、氨水	旱田 40～60	氯化钾	禾谷类 50～70
过磷酸钙	豆类 15～30 其他 10～20		

4. 施肥量确定

根据以上各项参数，分别计算出 N、P、K 的需要量，然后再换算成相应的具体肥料量：

$$肥料需要量/(kg \cdot hm^{-2})=\frac{(作物养分吸收总量-土壤供肥量)}{(肥料中含该肥分总量\times 肥料的利用率)}$$

【注意事项】

用以上方法计算施肥量，必须在已经做了大量对照试验，确定土壤供肥系数等基础工作之后，才能更准确进行科学的平衡施肥。另外，还应根据气候条件，尤其是降雨情况进行合理调整。

思　考　题

(1) 目标产量法确定作物施肥量需要确定哪些参数？

(2) 什么是目标产量？如何计算？

附　录

一、标准酸碱溶液的配制和标定方法

1. 酸碱溶液的配制

① 0.02 mol/L 盐酸溶液：用装有洗耳球的 10 mL 刻度吸管吸取盐酸（密度 1.19 g/mL）3.5 mL，注入盛有 150～200 mL 蒸馏水的烧杯中，然后洗入 2000 mL 量瓶中，定容到刻度，待标定。

② 0.02 mol/L($1/2H_2SO_4$)硫酸溶液：用装有洗耳球的 10 mL 刻度吸管吸取硫酸（密度 1.84 g/mL）1.2 mL，缓缓注入盛有 150～200 mL 蒸馏水的烧杯中，然后洗入 2000 mL 量瓶中，定容到刻度，待标定。

③ 0.1 mol/L NaOH 溶液：称取 NaOH 约 50 g 溶于 100 mL 蒸馏水中，配成饱和溶液（约 12 mol/L），吸取 8.3 mL 于 1000 mL 量瓶中，再用无二氧化碳蒸馏水定容至刻度，摇匀。

2. 0.02 mol · L^{-1} 盐酸溶液或 0.02 mol · L^{-1} ($1/2H_2SO_4$)硫酸溶液的标定

将分析纯硼砂($Na_2B_4O_7 \cdot 10H_2O$)在盛有蔗糖和食盐水溶液的干燥器平衡 1 周，在分析天平上称取平衡后的硼砂约 0.47××g，将其溶于水中，全部转入 100 mL 容量瓶中，定容，摇匀。吸取该溶液 3 份，各 10 mL，分别放入 150 mL 三角瓶中，用待标定的盐酸或硫酸滴定，以甲基红作指示剂，由黄突变为红色为终点；或用定氮混合指示剂（溴甲酚绿），由蓝色滴至微红色即为终点，计算求得盐酸或硫酸溶液的浓度。

例如，称取硼砂 0.4726 g，定容到 100 mL，分别吸取 3 份该溶液各 10 mL 分别于 150 mL 三角瓶中，用待标定的盐酸滴定，以甲基红作指示剂，由黄色突变为红色为终点；；或加定氮混合指示剂（溴甲酚绿）2 滴，由蓝色滴至微红色即为终点。滴定用去盐酸分别为 9.32，9.35 和 9.30 mL，平均为 9.32 mL，已知硼砂的相对分子质量为 381.36 g，设盐酸浓度为 c(mol/L)，消耗的盐酸体积为 V(mL)，则硼砂毫摩尔数 $= cV$，所以

$$c=\frac{\left(0.4726\,\mathrm{g}\times\dfrac{10\,\mathrm{mL}}{100\,\mathrm{mL}}\right)\Big/\left(381.36\,\mathrm{g}\cdot\mathrm{mol}^{-1}\times\dfrac{1}{2}\right)}{9.32\,\mathrm{mL}/(1000\,\mathrm{mL}\cdot\mathrm{L}^{-1})}=0.02659\,\mathrm{mol}\cdot\mathrm{L}^{-1}$$

若标定配制的 0.02 mol/L($1/2H_2SO_4$)硫酸溶液，则计算方法与上式相同。

若标定 0.1 mol/L 盐酸或($1/2H_2SO_4$)硫酸溶液，则直接称取 3 份各 0.47×× g 于三角瓶中，加水溶解后，同上加指示剂，用待标定的酸滴定。计算同上，只是没有分取倍数，即上式中的分子不需要乘以 10/100。

3. 0.1 mol/L NaOH 溶液的标定

在分析天平上称取经 105℃ 烘干过的苯二甲酸氢钾（分析纯）20.42 g，溶于水中，定容到 1000 mL，即为 0.1000 mol/L 苯二甲酸氢钾标准溶液。吸取该溶液 10 mL 于三角瓶中，用待定的 NaOH 溶液滴定，以酚酞为指示剂，由无色滴到微红色保持半分钟不褪为止，计算求得 NaOH 的准确浓度。

或者，直接称取经过 105℃下烘干 4～6 h 的分析纯苯二甲酸氢钾，用 NaOH 溶液滴定，滴加 2%酚酞指示剂 2 滴，由无色滴至微红色，计算求得 NaOH 溶液的浓度。例如，称取苯二甲酸氢钾 0.5106 g，滴定用 NaOH 溶液 25 mL，设 NaOH 溶液摩尔浓度为 c，苯二甲酸氢钾的摩尔质量为 204.22 g，则

$$25\,\text{mL}\times c=\frac{0.5106\,\text{g}\times 1000}{204.22\,\text{g}\cdot\text{mol}^{-1}}$$

$$c=\frac{510.6\,\text{g}}{204.22\,\text{g}\cdot\text{mol}^{-1}\times 25\,\text{mL}}=0.10000\,\text{mol}\cdot\text{L}^{-1}$$

二、常用酸、碱溶液的浓度及配法

名称和化学式	密度(20℃)/($g\cdot cm^{-3}$)	质量浓度/(%)	摩尔浓度(约数)/(mol/L)	配制方法
浓盐酸 HCl	1.19	37.2	12	
稀盐酸 HCl	1.10	20.0	6	浓盐酸 496 mL 与水 504 mL 混合
稀盐酸 HCl		7.15	2	浓盐酸 167 mL 与水 833 mL 混合
浓硫酸 H_2SO_4	1.84	95.6	18	
稀硫酸 H_2SO_4	1.18	24.8	3	
稀硫酸 H_2SO_4			1	浓硫酸 67 mL 缓慢倾入 933 mL 水中并不断搅拌
浓硝酸 HNO_3	1.42	69.80	16	浓硫酸 56 mL 慢慢倾入 944 mL 水中并不断搅拌
稀硝酸 HNO_3	1.20	32.36	6	浓硝酸 381 mL 与水 619 mL 混合
稀硝酸 HNO_3			2	浓硝酸 128 mL 与水 872 mL 混合
醋酸 CH_3COOH	1.05	99.5	17	即冰醋酸
稀醋酸 CH_3COOH		35.0	2	冰醋酸 118 mL 与冰 882 mL 混合
浓氨水 $NH_3\cdot H_2O$	0.90	25～27	14	
稀氨水 $NH_3\cdot H_2O$		10	6	浓氨水 430 mL 加水稀释至 1 L
稀氨水 $NH_3\cdot H_2O$		2.5	1.5	浓氨水 107 mL 加水稀释至 1 L
稀氨水 $NH_3\cdot H_2O$		1	0.6	浓氨水 36 mL 加水稀释至 1 L
氢氧化钠 NaOH	1.22	19.7	6	240 g NaOH 溶于水中稀释至 1 L
氢氧化钠 NaOH			1	40 g NaOH 溶于水中稀释至 1 L

三、制备酸溶液所需原始物质的数量

试剂	试剂密度(15℃)/($g\cdot cm^{-3}$)	原始质量浓度/(%)	制备 1000 mL 溶液所需原始物质的量/mL					
			25%	20%	10%	5%	2%	1%
HCl	1.19	37	643.8	496.3	236.4	115.2	45.5	22.6
H_2SO_4	1.84	95.6	167.7	129.9	60.6	29.3	11.5	5.9
HNO_3	1.40	65.6	313.0	243.6	115.0	56.0	22.0	10.8
CH_3COOH	1.05	99.5	247.8	196.7	97.1	48.2	19.2	9.0

四、常用基准试剂的处理方法

基准试剂名称	规格	标准溶液	处理方法
硼砂($Na_2B_4O_7 \cdot H_2O$)	分析纯	标准酸	盛有蔗糖和食盐的饱和水溶液的干燥器内平衡1周
无水碳酸钠(Na_2CO_3)	分析纯	标准酸	180～200 ℃，4～6 h
苯二甲酸氢钾($KHC_8H_4O_4$)	分析纯	标准酸	105～110 ℃，4～6 h
草酸($H_2C_2O_4 \cdot 2H_2O$)	分析纯	标准酸或高锰酸钾	室温
草酸钠($Na_2C_2O_4$)	分析纯	标准高锰酸钾	150 ℃，2～4 h
重铬酸钾($K_2Cr_2O_7$)	分析纯	硫代硫酸钠等还原剂	130 ℃，3～4 h
氯化钠(NaCl)	分析纯	银盐	105 ℃，4～6 h
金属锌(Zn)	分析纯	EDTA	在干燥器中干燥4～6 h
金属镁带(Mg)	分析纯	EDTA	100 ℃，1h
碳酸钙($CaCO_3$)	分析纯	EDTA	105 ℃，2～4 h

五、常用洗液的配制与适用范围

1. 常用洗液配制

名　称	化学成分及配置方法	适用范围	说　明
铬酸洗液	将5～10 g $K_2Cr_2O_7$ 溶于少量热水中，冷却后徐徐加入浓硫酸100 mL，搅动，得暗红色洗液，冷后注入干燥试剂瓶中盖严备用	有很强的氧化性，能浸洗去除绝大多数污物	可反复使用，呈墨绿色时，说明洗液已失效。成本较高，有腐蚀性和毒性，使用时不要接触皮肤及衣物。用洗刷法或其他简单方法能洗去的不用此法
碱性高锰酸钾洗液	$KMnO_4$ 4 g溶于少量水后，加入10%的NaOH溶液100 mL混匀后装瓶备用。洗液呈紫红色	有强碱性和氧化性，能浸洗去各种油污	洗后若仪器壁上面有褐色二氧化锰，可用盐酸或稀硫酸或亚硫酸钠溶液洗去。可反复使用，直至碱性及紫色消失为止
磷酸钠洗液	Na_3PO_4 57 g和 $C_{17}H_{33}COONa$ 28.5 g溶于470 mL水	洗涤碳的残留物	将待洗物在洗液中泡若干分钟后涮洗
硝酸-过氧化氢洗液	15%～20%硝酸和5%过氧化氢混合	浸洗特别顽固的化学污物	贮于棕色瓶中，现用现配，久存易分解
强碱	5%～10%的NaOH溶液（或 Na_2CO_3、Na_3PO_4 溶液）	常用以浸洗普通油污	通常需要用热的溶液
洗液	浓NaOH溶液	黑色焦油、硫可用加热的浓碱液洗去	
强酸	稀硝酸	用以浸洗铜镜、银镜等	洗银镜后的废液可回收 $AgNO_3$
溶液	稀盐酸	浸洗除去铁锈、二氧化锰、碳酸钙等	

续表

名　称	化学成分及配置方法	适用范围	说　明
	稀硫酸	浸除铁锈、二氧化锰等	
有机溶剂	苯、二甲苯、丙酮等	用于浸除小件异形仪器，如活栓孔、吸管及滴定管的尖端等	成本高，一般不要使用

2. 其他洗涤液

名　称	适用范围
工业浓盐酸	可洗去水垢或某些无机盐沉淀
5%草酸溶液	用数滴草酸酸化，可洗去高锰酸钾的痕迹
5%～10%磷酸三钠($Na_3PO_4 \cdot 12H_2O$)溶液	可洗涤油污物
30%硝酸溶液	洗涤二氧化碳测定仪及微量滴管
5%～10%乙二胺四乙酸二钠($EDTA\text{-}Na_2$)溶液	加热煮沸可洗脱玻璃仪器内壁的白色沉淀物
尿素洗涤液	适用于洗涤盛过蛋白质制剂及血样的容器
有机溶剂	洗脱油脂、脂溶性染料污痕等
KOH 的乙醇溶液和含有 $KMnO_4$ 的 NaOH 溶液	可清除容器内壁污垢，洗涤时间不宜过长，使用时应小心慎重

六、氮磷钾化肥的含量标准

1. 氮肥

名　称	含 N(>%)	水分(<%)	游离(H_2SO_4)(<%)	等级
氨水	20.0			1
	18.0			2
	15.0			3
硫酸铵	19.0	0.5	0.08	1
	20.8	1.0	0.2	2
	20.6	2.0	0.3	3
	19.0	0.5	0.05	
	19.0	0.5	0.03	
硝酸铵	34.4	0.6	甲基橙指示剂不显红色	优等
	34.4	1.0		一等
	34.4	1.5		合格
氯化铵	25.4	0.5		优等
	25.0	0.7		一等
	25.0	1.0		合格

续表

名称	含 N(>%)	水分(<%)	游离(H_2SO_4)(<%)	等级
碳酸氢铵	17.2	3.0		优等
	17.1	3.5		一等
	16.8	5.0		合格
尿素	46.3	0.05	缩二脲≤0.9	优等
	46.3	0.5	缩二脲≤1.0	一等
	46.0	1.0	缩二脲≤1.5	合格
氰氨基化钙	20～21			
	19.0			

2. 磷肥

名称	含 P_2O_5(>%)	水分(<%)	游离(P_2O_5%<)	等级
过磷酸钙	20	8	3.5	特级
	18	12	5.0	1
	16	14	5.5	2B
	14	14	5.5	3B
	12	14	5.5	4B
磷酸氢钙	30	25		特级
沉淀磷酸钙	27	25		1
	24	25		2
	21	25		3
	18	25		4
钙镁磷肥	18	0.5		1
	16	0.5		2
	14	0.5		3
	12	0.5		4

3. 钾肥

名称	含 K_2O(>%)	水分(<%)	杂质(<%)	等级
硫酸钾	50.0	1.0	Cl 1.5	优等
	45.0	3.0	Cl 2.5	一等
	33.0	5.0	Cl 1.5	合格
硫酸钾	50	1	NaCl 1	
氯化钾	60	0.5		
氯化钾	62	0.1		

七、主要有机肥养分含量表

名　称	风干基			鲜　基		
	N%	P%	K%	N%	P%	K%
粪尿类	4.689	0.802	3.011	0.605	0.175	0.411
人粪尿	9.973	1.421	2.794	0.643	0.106	0.187
人粪	6.357	1.239	1.482	1.159	0.261	0.304
人尿	24.591	1.609	5.819	0.526	0.038	0.136
猪粪	2.09	0.817	1.082	0.547	0.245	0.294
猪尿	12.126	1.522	10.679	0.166	0.022	0.157
猪粪尿	3.773	1.095	2.495	0.238	0.074	0.171
马粪	1.347	0.434	1.247	0.437	0.134	0.381
马粪尿	2.552	0.419	2.815	0.378	0.077	0.573
牛粪	1.56	0.382	0.898	0.383	0.095	0.231
牛尿	10.3	0.64	18.871	0.501	0.017	0.906
牛粪尿	2.462	0.563	2.888	0.351	0.082	0.421
羊粪	2.317	0.457	1.284	1.014	0.216	0.532
兔粪	2.115	0.675	1.71	0.874	0.297	0.653
鸡粪	2.137	0.879	1.525	1.032	0.413	0.717
鸭粪	1.642	0.787	1.259	0.714	0.364	0.547
鹅粪	1.599	0.609	1.651	0.536	0.215	0.517
蚕沙	2.331	0.302	1.894	1.184	0.154	0.974
堆沤肥类	0.925	0.316	1.278	0.429	0.137	0.487
堆肥	0.636	0.216	1.048	0.347	0.111	0.399
沤肥	0.635	0.25	1.466	0.296	0.121	0.191
凼肥	0.386	0.186	2.007	0.23	0.098	0.772
猪圈粪	0.958	0.443	0.95	0.376	0.155	0.298
马厩肥	1.07	0.321	1.163	0.454	0.137	0.505
牛栏粪	1.299	0.325	1.82	0.5	0.131	0.72
羊圈粪	1.262	0.27	1.333	0.782	0.154	0.74
土粪	0.375	0.201	1.339	0.146	0.12	0.083
秸秆类	1.051	0.141	1.482	0.347	0.046	0.539
水稻秸秆	0.826	0.119	1.708	0.302	0.044	0.663
小麦秸秆	0.617	0.071	1.017	0.314	0.04	0.653
大麦秸秆	0.509	0.076	1.268	0.157	0.038	0.546
玉米秸秆	0.869	0.133	1.112	0.298	0.043	0.384
大豆秸秆	1.633	0.17	1.056	0.577	0.063	0.368
油菜秸秆	0.816	0.14	1.857	0.266	0.039	0.607
花生秸秆	1.658	0.149	0.99	0.572	0.056	0.357
马铃薯藤	2.403	0.247	3.581	0.31	0.032	0.461
红薯藤	2.131	0.256	2.75	0.35	0.045	0.484
烟草秆	1.295	0.151	1.656	0.368	0.038	0.453
胡豆秆	2.215	0.204	1.466	0.482	0.051	0.303

续表

名　称	风干基			鲜　基		
	N%	P%	K%	N%	P%	K%
甘蔗茎叶	1.001	0.128	1.005	0.359	0.046	0.374
绿肥类	2.417	0.274	2.083	0.524	0.057	0.434
紫云英	3.085	0.301	2.065	0.391	0.042	0.269
苕子	3.047	0.289	2.141	0.632	0.061	0.438
草木樨	1.375	0.144	1.134	0.26	0.036	0.44
豌豆	2.47	0.241	1.719	0.614	0.059	0.428
箭舌豌豆	1.846	0.187	1.285	0.652	0.07	0.478
蚕豆	2.392	0.27	1.419	0.473	0.048	0.305
萝卜菜	2.233	0.347	2.463	0.366	0.055	0.414
紫穗槐	2.706	0.269	1.271	0.903	0.09	0.457
三叶草	2.836	0.293	2.544	0.643	0.059	0.589
满江红	2.901	0.359	2.287	0.233	0.029	0.175
水花生	2.505	0.289	5.01	0.342	0.041	0.713
水葫芦	2.301	0.43	3.862	0.214	0.037	0.365
紫茎泽兰	1.541	0.248	2.316	0.39	0.063	0.581
篙枝	2.522	0.315	3.042	0.644	0.094	0.809
黄荆	2.558	0.301	1.686	0.878	0.099	0.576
马桑	1.896	0.19	0.839	0.653	0.066	0.284
山青	2.334	0.268	1.858			
茅草	0.749	0.109	0.755	0.385	0.054	0.381
松毛	0.924	0.094	0.448	0.407	0.042	0.195
杂肥类	0.761	0.54	3.737	0.253	0.433	2.427
泥肥	0.239	0.247	1.62	0.183	0.102	1.53
肥土	0.555	0.142	1.433	0.207	0.099	0.836
饼肥	0.428	0.519	0.828	2.946	0.459	0.677
豆饼	6.684	0.44	1.186	4.838	0.521	1.338
菜籽饼	5.25	0.799	1.042	5.195	0.853	1.116
花生饼	6.915	0.547	0.962	4.123	0.367	0.801
芝麻饼	5.079	0.731	0.564	4.969	1.043	0.778
茶籽饼	2.926	0.488	1.216	1.225	0.2	0.845
棉籽饼	4.293	0.541	0.76	5.514	0.967	1.243
酒渣	2.867	0.33	0.35	0.714	0.09	0.104
木薯渣	0.475	0.054	0.247	0.106	0.011	0.051
海肥类	2.513	0.579	1.528	1.178	0.332	0.399
农用废渣液	0.882	0.348	1.135	0.317	0.173	0.788
城市垃圾	0.319	0.175	1.344	0.275	0.117	1.072
腐殖酸类	0.956	0.231	1.104	0.438	0.105	0.609
褐煤	0.876	0.138	0.95	0.366	0.04	0.514
沼气发酵肥	6.231	1.167	4.455	0.283	0.113	0.136
沼渣	12.924	1.828	9.886	0.109	0.019	0.088
沼液	1.866	0.755	0.835	0.499	0.216	0.203

八、作物营养诊断组织分析的参考指标[1]

采样期	采样部位	元素	养分浓度水平(%)			
			缺乏	低量	足量	高量
冬小麦						
拔节期	地上部分	N			3.00	
		P		0.26		
		K		2.49		
		Ca		0.50		
抽穗期	地上部分	N	<1.25	1.25～1.75	1.75～3.00	>3.00
		P	<0.15	0.15～0.19	0.20～0.50	>0.50
		K	<1.25	1.25～1.49	1.50～3.00	>3.00
		Ca		<0.20	0.20～0.50	>0.50
	籽粒	Mg		<0.15	0.15～0.50	>0.50
收获后	秸秆	P		0.15	0.40	0.54
	秸秆	P		0.03	0.08	0.17
		K		<0.56		
春小麦						
扬花期	上部4张叶片	N	1.5～2.0	2.0～2.5	2.6～3.0	
		P		0.25～0.26		
		K		2.32～2.49		
玉米						
三、四叶期	地上部分	N			3.5～5.0	
		P			0.4～0.8	
		K			3.5～5.0	
	地上部分	Ca			0.9～1.6	
		Mg			0.3～0.8	
抽雄期	穗位叶	N			3.0[2]	
		P			0.25[2]	
		K			1.90[2]	
		Ca			0.40[2]	
		Mg			0.25[2]	
吐丝期	穗位叶	N		1.1	2.7～3.5	
		P	<0.15	0.16～0.24	0.25～0.40	0.41～0.50
		K		<1.5	1.7～2.5	
		Ca			0.4～1.0	
		Mg			0.2～0.4	
成熟期	叶	P		0.05	0.12～0.23	
	秆	P		0.04	0.15～0.142	
	籽粒	P		0.23	0.43～0.80	
		N			1.0～2.5	
		P			0.2～0.6	

续表

采样期	采样部位	元素	养分浓度水平(%)			
			缺乏	低量	足量	高量
		K			0.2～0.4	
		Ca			0.01～0.02	
		Mg			0.09～0.20	
马铃薯						
栽后 40～45 天	顶部第五节处叶片	N	6.0		6.00～7.50	
		P		<0.40[②]	>0.40	
		K	2.50～4.50	4.50[②]	>4.50	
栽后 50 天	第一枝条基部第四叶	Ca			2.36	
		Mg			0.69	
栽后 60 天		N		3.76	6.33	
栽后 73 天		N		3.43	4.89	
栽后 88 天		N		2.87	3.00	
收藏后	块茎	Mg	0.12	0.13		
分蘖期(浙江)	成长的叶片	N		2.5[②]	3.9～4.8	
		P		0.1[②]		
		K		1.0[②]		
分蘖期(北京)	成长的叶鞘	P			0.200	
分蘖中期	最近充分展开的一叶片	N		3.81～5.06		
				平均 4.52		
		P		0.14～0.27		
				平均 0.20		
		K		1.52～2.69		
				平均 2.269		
		Ca		0.16～0.39		
				平均 0.28		
		Mg		0.12～0.21		
				平均 0.14		
幼穗形成期(浙江)	茎叶	K		1.2～2.0		
幼穗分化期	最近充分展开的一叶片	N		2.85～4.20		
				平均 3.44		
		P		0.18～0.29		
				平均 0.25		
		K		1.17～2.53		
				平均 1.84		
		Ca		0.19～0.39		
				平均 0.28		
		Mg		0.16～0.39		
				平均 0.19		
成熟期	秸秆	P	0.02		0.04～0.05	
		K	1.08		2.33	

续表

采样期	采样部位	元素	养分浓度水平(%)			
			缺乏	低量	足量	高量
大豆						
开花期	叶	P	0.19	0.22	0.26～0.27	
开花后(顶部有嫩荚,基部有长荚时)	上部叶	P			0.59	
		K			2.95	
结荚前	上部充分发育的几片叶,去叶柄	N			4.26～5.50	
		Ca			0.36～2.00	
		Mg			0.26～1.00	
棉花						
—	最近充分发育的一叶片	N			3.00～4.30	
		P			0.30～0.65	
		K			0.90～1.95	
		Ca			1.90～1.95	
		Mg			1.90～3.50	
蕾期(北京)	叶	P		0.28	0.35	
	秆	P			0.18	
早花期	地上部分	Ca		0.82～1.02	2.20	
盛花期	新长成的叶	K		0.59～0.82	1.03～1.30	
铃期	带果铃嫩枝上的叶片	N			3.50～4.00	
	带果铃嫩枝上的叶片	K			1.35	
收获后	种子	P		0.48	0.75	1.79
	纤维	P		0.03	0.05	0.12
	桃壳	P		0.07	0.10	0.21
花生						
扎针初期(出苗后10～12周)	上部茎及叶	N			3.50～4.50	
	上部茎及叶	P			0.20～0.35	
	上部茎及叶	K			1.70～3.00	
	上部茎及叶	Ca			1.26～1.75	
	上部茎及叶	Mg			0.30～0.80	
扎针期	主茎第一叶	K			1.30②	
油菜						
苗期	植株	N			3.60	
	叶片	P	0.20	0.31～0.47		
薹期	植株	N			4.30	
花期	植株	N			2.30	
成熟期	植株	N			1.64	

① 全 N、P、K、Ca 、Mg%,干基。

② 为临界浓度。

参考文献

[1] 鲁如坤主编. 土壤农业化学分析方法. 北京：科学出版社，2000.

[2] 鲍士旦主编. 土壤农化分析. 北京：中国农业出版社，1999.

[3] 李酉开主编. 土壤农化常规分析方法. 北京：科学出版社，1983.

[4] 刘光崧等主编. 土壤理化分析与剖面描述. 北京：中国标准出版社，1996.

[5] 戴建军，谷思玉. 土壤肥料学实验指导. 东北农业大学，2008.

[6] 鲁如坤，史陶均编. 农业化学手册. 北京：科学出版社，1982.

[7] 王涌清，刘秀奇编. 化肥应用手册. 北京：中国农业科技出版社，1993.

[8] 段炳源，梁孝衍编著. 实用化肥手册. 广州：广东科技出版社，1991.

[9] 中科院土肥所主编. 中国肥料. 上海：上海科技出版社 1994.

[10] 黑龙江土地管理局，黑龙江土壤普查办公室编. 黑龙江土壤. 北京：农业出版社，1992.

[11] 朱海舟，陈培森等编. 土肥测试技术与施肥. 北京：北京科学技术出版社，1993.

[12] D. R. 伊文思等著. 化肥手册. 马国瑞，尹仙香，林荣新译. 北京：农业出版社，1984.

[13] 全国土壤普查土壤诊断研究协作组编. 土壤和作物营养诊断速测方法. 北京：农业出版社，1977.

[14] 侯振安，褚贵新等. 土壤肥料学实验指导书. 新疆石河子大学农学院资环系土壤农化教研室，2008. http://wenku. baidu. com/view/ba7e03c508a1284ac85043aq. html

[15] 林大仪主编. 土壤学实验指导. 北京：中国农业出版社，2004.

[16] 周鸣铮编著. 土壤肥力测定与测土施肥. 北京：农业出版社，1988.

[17] 毛达如. 近代施肥原理与技术. 北京：科学出版社，1987.

[18] Page A L, Miller R H, Keeney D R. Methods of Soil Analysis, Part 2, Chemical and Microbiological Properties. 2nd. American Society of Agronomy, Inc. , Soil Society of America, Inc. 1982